Change & Transform

想 改 變 世 界 · 先 改 變 自 己

Change & Transform

想 改 變 世 界 · 先 改 變 自 己

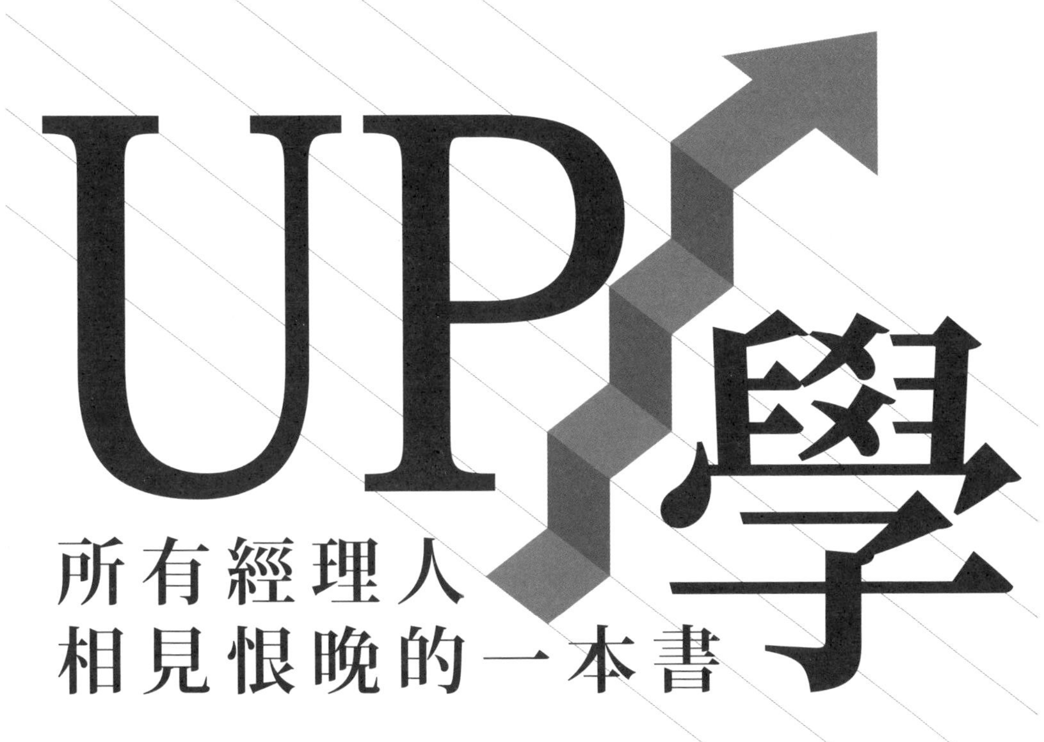

UP學

所有經理人相見恨晚的一本書

Marshall Goldsmith | Mark Reiter
馬歇爾・葛史密斯 | 馬克・賴特——著　吳玟琪——譯

WHAT GOT YOU HERE WON'T GET YOU THERE

致所有企求更上層樓
並臻於卓越的成功領袖們

「可聞過而改之者，幸甚。」

莎士比亞，

《無事生非》（*Much Ado about Nothing*）

新版序

無才與有德

在一次訪問王品集團創辦人戴勝益時，他提起王品的重大決策，都交由中常會以祕密投票議決，他的決定權和其他二十幾位主管一樣，一人一票。我問他：「老闆都自認為也應該比部屬決策高明，為什麼你要設一個制度來壓抑自己的決定權？」戴董事長回答：「要鼓勵同仁表達與思考，老闆怎麼能英明？」他頑皮地笑說：「不是女人喔，其實是老闆，老闆無才便是德。」

這是台灣股價前三名、前十大創新企業CEO的管理哲學。當下，這句話讓我聯想到《UP學》。

「有才」的老闆有哪些共同特徵：凡事想贏、好為人師、否定別人來增加自己的價值、停不下來地表達自己⋯⋯。還有許多，請翻到第76頁，本書一次把領導人樂此不疲、但讓人直想掩面疾走的行為，一次羅列到位。我們都期待領導自己的，是謙虛、聆聽、鼓勵、授權的主管，但是卻前仆後繼跌入自以為強人的誤區而不自知。

如果要我推薦一本書給每一位初為主管的朋友，《UP學》一定是我的首選。一方面，在本書出版前就深受葛史密斯文章直指罩門的震撼。二方面，市場上管理書籍多數探討專業與技術，少有探討內隱的修練，而正如本書原版的書名 *What Got You Here Won't Get You There*（成就你今日的，無法造就你明日的成功），一樣的行為，無法成就不同的自己。成長，來自於改變。

這幾年，我總是將《UP學》讀書筆記的文字檔放在電腦的桌面上。因為常有公司內外的年輕主管和我討論管理上的問題，他們的問題，經常就是這本書裡的二十一個習慣，我可以隨時點開來和他們分享。更重要的是，雖然讀過本書很多次，我仍然需要不斷複習來提醒與修正自己，一如本書引述杜拉克的名言：

「半數以上的領導者根本不需要學習做什麼，而是需要學習不要做什麼。」

林文玲，前《經理人月刊》、《數位時代》總編輯長

《UP學》是經典著作，四十歲時看它的感受，跟我五十四歲時看它的感受，截然不同。

我從菜鳥企業講師，走向資深、知名的旅程，一路都有馬歇爾．葛史密斯相伴，無論是《練習改變》、《學領導》，都對我產生巨大的影響。

而本書就像一面鏡子，讓我反省不足之處，尤其是「21個讓我與巔峰絕緣的習慣」，無非就是暮鼓晨鐘、警世提醒。

很多事，會隨時空轉變，而不變的是「真理」，作者是美國財星五百大CEO的教練，他提醒了我們領導者需服膺的真理，大多都在本書裡。

謝文憲，企業講師、作家、主持人

我們身邊，充滿了聰明，但無法出人頭地的人。他們意志堅決，善於鑽營，但往往定出過高的目標，再指責別人「不知好歹」、「偷懶卸責」，讓所有共事的人，痛苦不已。

《UP學》提醒我們，這些野心勃勃的人們，渾然不知錯誤的「思考習慣」、惡劣的「回應方式」，摧毀了他們的努力，壓抑了他們的潛力；人生不順，是因為沒有改造心智，重建「軟實力」。

讀完《UP學》，能讓你反省自己、提升覺察力，成為「更好的自己」。千萬不要錯過，這是你的契機。

十方（李雅雯），富媽媽、理財暢銷作家

一個真正偉大的成功者，不是只追求自我成功的人，而是一個願意幫助更多人一起成功的人。打敗他人成為勝利者，多數帶來的是恐懼以及更多的敵人，但是幫助他人成為勝利者，則會帶來更多尊重以及更多朋友。

《UP學》不只幫助你帶來成功，更重要的是幫助其他人一起成功，書中也提到一個人儘管專業再強，但如果無法與人連結、無法與人協作，那麼在職涯發展中就會遇到無法UP的瓶頸與困境。

改善之道就是從習慣著手，這個習慣是先從認識自己開始，先釐清自己是否有些固化習慣引起他人的排擠與反彈，並使自己與巔峰隔絕，所以適度調整習慣，將讓自己變得更好。

書中提到的道歉、廣宣、聆聽、感謝，更是極其重要的人際智慧。

你也想讓人生再往上UP UP 嗎？ 熟讀《UP學》，實踐《UP學》，你的機會將不再錯身而過。

鄭俊德，閱讀人社群主編

各界推薦

領袖菁英這麼說……

自從獲得博士學位回國後，我大部分都在公職機構服務。我發現：無論是教書或擔任中央政府的行政職務，都比不上當台中市長更具全方位的挑戰性。

市長不但是什麼事都要插手的「管家婆」，還得是一位可以幫台中賺錢的「店長」，帶領一個都市追求卓越、成長與國際化。

身為「一店之長」，我在這本書中獲知許多新觀念，而且深受啟發。

被美國管理協會譽為「偉大導師」的作者馬歇爾．葛史密斯，歸納出二十一個主管身上常見的習慣，並深入分析其中的盲點。

讓我印象深刻的一個觀點是：「我們花了許多時間教領導者做什麼，並沒有花夠多時間教他們不要做什麼。我所遇到半數以上的領導者根本不需要學習做什麼，而是需要學習不要做什麼。」

的確，在「做」與「不做」之間，在在考驗一位領導者的智慧與判斷能力。

閱讀好書是一件多麼愉快的事，以小小的代價，擷取智者的精義巧思。希望讀者也能從書中，傳承價值美金二十五萬元的珍貴經驗。

胡志強，前旺旺中時媒體集團副董事長、前台中市長

人稱偉大導師的高階主管教練葛史密斯，他使用獨到的經驗與方法，可以幫助每一位有影響力的主管，認清自身領導的偏差行為，反躬自省承認錯誤，積極徹底改變態度與行為，可以再次發揮更大的影響力與領導價值。最妙的是葛史密斯竟然要求主管要少做一些事，或根本不要做這些事，才是真正讓領導者轉型成功的關鍵。

其指出『二十一種致命的領導壞習慣』，經常蔓延在組織的人際互動中，侵蝕削弱組織的健康發展，每一位清醒的主管都應該挺身而出，以身作則和工作夥伴相互約束砥礪，協力去除這些偏差行為，共創組織發展的永續價值。

這是一本好書，值得推薦！

徐光宇，前統一星巴克總經理

人際技巧到底有多重要？過去曾經有機會和一些高階經理人交換心得，我發現幾乎沒有例外的，大家都認同在職場上愈是到組織的高層，最後能脫穎而出的，都是能妥善處理人際互動，帶領團隊的領導人。

美國管理協會推崇為偉大導師的馬歇爾．葛史密斯，擁有親身輔導頂尖企業執行長的豐富經驗，他強調想再往上的經理人，首要之務在於改掉一些領導上的致命習慣；他給大家的建議不是多做些什麼，而是不做些什麼。經理人因為過往的成功經驗，幾乎沒有人可以免疫的，都會有一些領導習慣的盲點，如果你能運用本書協助你理解自身的優勢、增加自覺，相信你已經向再上層樓，跨進一大步了！

本書列舉了各項領導人對團隊減分的惱人習慣，值得每位經理人細讀思考！

洪小玲，前雅虎台灣董事總經理、創業導師

本書作者葛史密斯與卡內基有兩個重要的共識：一、他們都認為人在每一階段都該成長與突破。二、他們都深信影響成功的關鍵因素是與他人共事的能力。

一位年輕的工程師因為技術好，設計能力強，被提升為經理。當了經理後，常常要做的工作就變成溝通、激勵同事、聆聽他們的意見了。要是這位經理還繼續在技術方面努力，或還是只顧單打獨鬥，他的職業生涯就會停頓，不再有下一步的發展了。怪不得有那麼多人抱怨有志難伸，憤憤不平。要是他們了解到這關鍵因素多好！

尤其是我們在台灣長大的人，由於學業壓力，父母、老師都沒有教我們如何讚美、感謝他人，也從未學習過溝通，特別是傾聽的習慣，進入社會開始工作一段時間後，就備感吃力。因而我們需要學習，這本書就是最好的開始。

黑幼龍，卡內基訓練負責人

➤ 曾和葛史密斯共事的商界領袖和大師們這麼說……

我喜愛馬歇爾．葛史密斯的理由有很多：他是個慷慨大度的人，總有辦法帶出人們最好的一面，有參禪似的能力創造出凝聚的群體，這是偉大導師的特徵。他也有辦法讓人，幾乎是每一個人，笑著進入更深、更具穿透力的洞見中。他就是專業的最佳典範，可靠、令人信賴、永遠「準備就緒」，而且永遠關心你。

華倫．班尼斯（Warren Bennis），
領導學大師、南加大商學院教授、暢銷書作家

我們合作無間，成功地將團隊表現提升到嶄新的層次。經由馬歇爾的協助，我們找出兩個要著手改進的區塊。我們接納每一個人的幫助及支持，進步超過預期，而且充分享受過程！一個下定決心要持續進步的團隊，加上馬歇爾的改進課程，不但有效，而且震撼！

艾倫・穆拉里（Alan Mulally），福特汽車總裁

幫助高成就人士理解自身的優勢、增加自覺、增強效能，是領導力發展的核心工作。馬歇爾為這項任務注入了追求卓越的執著，他同時敏銳、坦誠、極具成效。這麼多年執業的耐心及努力，讓他成為這個行業中最傑出的「鑽石大師」，他可以將一塊礦石，迅速切割成一顆閃耀的美鑽。他是獨一無二的。

C. K. 普哈拉（C. K. Prahalad），暢銷作家，
密西根大學商學院工商管理教授

馬歇爾對領導力發展的寶貴洞見，以及所提供的輔導和引導，對我們的將官和夫人們意義非凡。現在是個動盪的時代，馬歇爾教導的工具和技術因而更顯重要，因為他們各自肩負著繁雜的使命和領導的責任。

埃里克・辛斯基（Eric K. Shinseki）上將，美國前陸軍參謀長

馬歇爾幫我們為領導者的角色下定義為：啟發別人。他教我們如何激勵他人，建立持續的關係，改造了我們的團隊，大家都喜歡和他一起共事。

凱斯・威勒（Cass Wheeler），美國心臟病協會執行長

我和馬歇爾在企業界共事超過十年，也看到他在達特茅斯任教。對我而言，馬歇爾在他的領域是箇中翹楚，無人可比。他是一個偉大老師的難得組合，領導魅力、課堂管理、以及絕佳風采，他是達特茅斯塔克商學院的無價資產。

維傑・高文達雷簡（Vijay Govindarajan），
全球領導力研究中心（Center for Global Leadership）主任暨教授

做為女童軍的執行長，我致力於幫助一個偉大組織做出「我們能做到的最佳表現」。馬歇爾第一次義務幫忙輔導的人就是我，這傳達出一個很重要的訊息，也是一個很豐富的經驗，我進步了，並將這個學習擴散到整個組織。二十四年以後，我成為領導人對談學院（Leader to Leader Institute，前身為杜拉克基金會）的主席，我們仍一起共事，為領導者服務。

法蘭西斯・賀賽蘋（Frances Hesselbein），總統自由獎章得主

馬歇爾是個精力充沛的人，他協助高成就的成功人士精益求精，他的建言讓我在工作上受益良多，但對我的家居生活影響甚至更大。我的妻兒起立為馬歇爾鼓掌，因為他幫助我成為一個更好的丈夫和父親。還有比這更好的事嗎？

馬克・特賽克（Mark Tercek），高盛總經理

在麥卡生，我們的使命是，要和顧客一起努力，根本地改變健康照顧執行的成本和品質。為了充分將在這種轉型後頭的潛能實現出來，我們的主管必須能夠展現以價值為本的領導方式，好讓員工每天都能竭盡所能地參與，馬歇爾的教導提醒我們，個人的成長和改進是一個沒有終點的旅程。」

約翰・哈默格倫（John Hammergren），
麥卡生（McKesson）大藥廠執行長

馬歇爾・葛史密斯有一套簡單，但是極有效的方法，可以幫助領導者更為卓越。這個力量不只是來自於簡單，而是他有獨特的能力可以給予務實的洞見，讓領導者可以身體力行。我每回走出馬歇爾的演講都一定會覺得變得更聰明一些。

瓊・卡然巴哈（Jon Katzenbach），
卡然巴哈顧問公司創辦人、
《團隊的智慧》（*The Wisdom of Teams*）作者

馬歇爾有一種獨特的天賦和難得的技巧，可以穿透問題的表象，找出真正須改變的需求，好讓一個人能成功。這種技巧讓人可以務實的方式了解到真正的問題，並且誘發改變，而不是引起否認和抗拒。

史蒂夫・柯爾（Steve Kerr），
高盛投顧公司知識長、
美國管理學會（Academy of Management）總裁

識途老馬的主管通常很難承認他們還可以做得更好，也很難理解要更上一層樓還需要做些什麼，在這個層次上，沒有人做得比馬歇爾・葛史密斯更好。他幫我作的改變真的是很了不起，唯一還更了不起的是，他幫我更懂得領導高階團隊。馬歇爾真的是一個很卓越的人，很卓越的教練。

鮑伯・庫倫（Bob Cullen），
湯姆森健康暨科技訊息集團
（Thomson Healthcare and Scientific）執行長

目　錄
Contents

第一部

成功會有的問題

我們由以往成功所學習到的，
常會妨礙我們得到更多的成就。

第一章

你在這裡

你知道在購物中心裡的那些地圖，上頭會標示：你在這裡。目的要在陌生的場域中指點方向，告訴你現在身在何處，你想去的地點在哪，如何到達。

有少數人從來不需要這些地圖，他們是有內建羅盤的幸運兒，能夠自動導引自己方向，總是有轉對彎，走到最省力的途徑，抵達他們嚮往之地。

有些人真的是依靠精準的方向感走人生的道路，不只是在購物中心不會迷路，他們的學生時代、工作生涯、婚姻及交友也都很有方向。當我們碰到像這樣的人時，我們會說他們是很有自信的人，他們對於自己是誰，人生該怎麼走一清二楚，我們在他們身旁也會覺得很有安全感，覺得即使有意料之外的狀況出現，也一定是好的。他們是我們的偶像、英雄。

我們都會認識一些這樣的人，對有些人而言，正是他們的母親或父親，在我們混亂的孩提時期作為道德指標。對另一些人而言，是配偶（俗稱為另一半），對另一些人（譬如我）而言，是大學裡的某位教授，第一個刺穿我們假面具的人（後頭會談更多）。可能是工作上的良師、高中時的教練、歷史書上的英雄人物，如林肯或邱吉爾，或宗教導師，如佛陀、穆罕默德或耶穌；也可能甚至是個明星。(我認識一個人，他每回碰到有難題要解時，就問自己：換作是保羅·紐曼，他會怎麼做？）

上述這些偶像的共通點就是對自己是誰毫無疑惑，於是和別人互動時能夠有完美的定調。

這些稀有動物似乎永遠不需要任何協助，就能到達他們想去的地方，彷彿有著內建的全球定位系統。

這樣的人不需要我的幫忙。

在我作為主管教練的工作生涯中所遇見的人，他們很優秀，但可能缺少了內建的「你在這裡」地圖，舉例如下。

案例一

卡羅士是一家著名食品公司的執行長。他很聰明、工作勤奮、在他的領域是個專家。他從工廠裡做起，受拔擢做業務和行銷工作，現在登上大位，在他的生意中沒有哪件事是他缺少第一手經驗的。就像許多點子多的人一樣，他超級主動，就像隻蜂鳥一樣身手敏捷、忙個不停。他很喜歡在公司各部門串來串去，會突然去看員工在做什麼，然後和他們天南地北一番。卡羅士很喜歡人，也很愛說話，總之，他呈現一種很吸引人的整體感覺，但壞在，他的嘴巴動得比腦袋快。

一個月前，他的設計部門向他報告一些有關新餅乾系列的包裝想法，卡羅士很喜歡這些設計概念，只提了一個建議。

「如果把顏色改成粉藍，你們覺得如何？」他說，「藍色傳達了昂貴及高檔的內涵。」

今天，設計師帶著改好的包裝回來，卡羅士很喜歡新的樣貌，但他一邊沉思一邊說：「我想若用紅色會更好。」

設計部門的人全都翻白眼，他們搞糊塗了，一個月之前，他們的執行長說喜歡藍色，所以他們卯足全勁去做出符合他喜好的成品，現在他卻改變心意，大家喪氣地散會，因為完全被卡羅士搞瘋了。

卡羅士是個很有自信的執行長，但他有個壞習慣，會把腦袋裡的每一個思緒都說出來，他自己卻不太意識到這個習慣對他底下命令系統的人會變成一件生死大事。低階人員表達意見得不到公司其他人的注意，但當執行長說話了，每個人都會豎起耳朵注意聽。**你爬得愈高，你的建議愈會接近命令。**

卡羅士認為他不過是把一個想法丟向牆壁，看看它會不會黏住而已，他的員工則以為他是直接在下達命令。

卡羅士認為他很民主，能讓每個人表達想法；他的員工卻認為他獨裁，是皇帝。卡羅士認為他是用多年的經驗在幫助大家；他的員工則將之視為管太細、干預太多。

卡羅士完全不了解他給予員工的觀感。

他的罪名是第二個習慣：加值過度。

案例二

雪倫是一家知名雜誌社的總編輯，她非常積極進取、能言善道，也很有領袖魅力。對一個長期與文字及圖片為伍的人而言，她的人際技巧也相當了不起。她能循循善誘拖稿的作者準時交稿；當她決定要在最後一刻撕毀下一期的稿件時，也能鼓勵她的人留下來加班到深夜。她相信只要下定決心，總有辦法說服任何一個人。她的發行人經常邀她一起和廣告主開會，因為她有個人魅力，而且很會推銷這本雜誌。

雪倫最感到自豪之處，是她能夠發掘及培養編輯新秀的能力，要證明這一點，只要看看她所組的傲人編輯團隊即可。大家都會稱他們為雪倫團隊，因為他們對雪倫死忠，同時又充滿戰鬥力。他們都跟著她很多年，忠心不二。這樣的忠誠有時會讓人覺得是稍過頭了些，尤其是，如果你在雪倫底下做事，卻不夠格稱得上是雪倫團隊一員時。

今天的編輯會議是要分派任務。雪倫提出一個深具封面故事潛力的好題材，一名雪倫團隊的人立即附議這個想法，稱讚說：「很棒的點子！」雪倫就把這個專題分派給她，然後會議繼續進行，雪倫繼續這樣把好差事派給她偏愛的編輯，而這些人的回應是，奉承雪倫，並且附和她所說的每一句話。

如果你恰巧是雪倫所偏愛的一員時，編輯會議上的示愛宴席會是你每個月最期待的大事；相反的，假使你並非雪倫的愛將，又剛好意見與她不一致，就會覺得這種逢迎拍馬簡直是毫無掩飾到令人作嘔的程度。只要幾個月受到這種對待，你就會開始把履歷表寄到別家雜誌社去。

這些雪倫都看不到，她本來很懂得人，對人的動機也極具洞察力。她認為自己是個很有效能的領導者，對於能夠認同她對這本雜誌願景的人，她在成就他們，她打造了一個可以完美運作的超強團隊。

雪倫以為她在激勵編輯成長，最後他們能夠複製她的成功，但在她圈圈外的編輯則認為她在鼓勵馬屁文化。

雪倫的罪名是第十四個習慣：偏心。

案例三

馬丁是紐約一家著名公司的財務顧問，他為高收入的個人理財，每個操作的專戶最起碼的金額是五百萬美金。馬丁是這行的箇中翹楚，年薪有七位數，比起他那些客戶的年收入是小巫見大巫，但馬丁不會因此羨慕或妒恨他的客戶。他生活的重心就是投資理財，而且很樂意為頂級客戶們提供有價值的服務，其中很多是執行長，有些是白手起家的創業家，有些是娛樂圈的明星，其餘的還有大筆財產的繼承人。馬丁很喜歡和這些客戶往來，喜歡和他們講電話，並在共進午餐或晚餐時提供專業的理財建議。馬丁不是一般管人的經理人，在公司裡是單兵作戰，唯一的職責是照顧好客戶，確保他們年復一年都能對自己的投資組合滿意。

今天是馬丁生命中很重要的一天，他受邀去管理一個投資組合的一部分，對方是全美數一數二的企業大亨。富豪們通常會這樣做，將他們的錢財分散到幾個不同投資經理人手上，作為一種避險的措施。這個機會讓馬丁或許能進入這位富豪的理財菁英群中，假使他成功了，不消說，會有非常多的機會從這個關係中跳出來。

他拜訪了辦公室位在洛克斐勒中心高樓層的這名大亨。馬丁知道這將是他可以贏取這位大亨喜愛的唯一機會，他有一個小時可以取得他的信賴，以及和他銀行帳戶中的數百萬美元建立關係。

馬丁有過無數次這樣的經驗，對潛在客戶推銷自己時，有著老手的鎮定和信心，何況他也有打敗大盤贏取利潤的超級戰績。若說他沒有為了和大亨碰頭而戮力以赴的話，是不太可能的。

一進到大亨的辦公室時，大亨說：「簡單介紹一下你自己。」馬丁開始推銷他的強項，他細數以往很多成功預見走勢的交易，詳細解說當時的投資理論基礎，以及如何遙遙領先對手等。他提到一些自己著名的客戶，概括說明對這個大亨的投資組合的一些想法，並說明他對幾個市場長短期發展的預測。

馬丁這樣忙著介紹，甚至沒有注意到排定的一小時一下就過去了，但這時大亨站起身來，謝謝馬丁撥冗前來。這個突兀的結束方式讓馬丁有些錯愕，他還沒有機會問問大亨他的目標、對風險抱持的態度，或對一個投資組合經理的期待。然而當他在心中回顧這次的會面情況，馬丁認為自己表現得很好，有高水準的演出。

第二天，馬丁收到大亨手寫的一封信，客氣言謝，並且告知他想走的方向有點不同。馬丁丟掉了這個客戶，但是他不懂為什麼。

馬丁還以為呈現了這些自己在理財機敏上的驚人成績，會贏得這個大亨。

而大亨心裡想的是：「真是個自我本位的混球，他要到何時才會問我在想什麼？我永遠不會讓這傢伙靠近我的錢。」

馬丁的罪名是第二十個習慣：太過自我。

這並不是說這些人不知道他們自己身處何處，或是他們要去哪、要達成什麼。也不是他們對自己的身價沒有正確解讀。事實上，他們往往十分成功（而且他們往往自負了點）。錯的是他們在和老闆、同事、部屬、顧客、客戶等關鍵人物互動時，對自己的行為失察。（這不只在工作上成立，在他們的家庭生活中也成立。）

他們自以為無所不曉；但是別人只看到自大。

他們以為只是對一個狀況說些有益的建言；但是別人覺

得是插手。

他們認為自己很有效率地分派任務；但是別人認為是在推諉塞責。

他們覺得自己是忍住不說；但其他人認為是不肯回應。

他們認為要讓別人自己思考；但別人覺得受到忽略。

經過一段時間之後，這些「無關緊要」的工作上的小毛病就開始腐蝕我們累積了一輩子的信譽，通常也會延伸到同事和朋友那。這時小小的瑕疵就會爆發成重大的危機。

為什麼會發生這樣的事？常是因為內建調整行為的羅盤撞壞掉了，於是他們對於自己在同僚心目中的位置沒有概念。

在《紐約客》上有一篇文章，電影導演哈洛・雷米斯（Harold Ramis）評論《瘋狂高爾夫》（*Caddyshack*）一片的演員之一吉維・蔡斯（Chevy Chase）不再走紅的背後原因時，雷米斯說：「你知道本體感覺的概念嗎？就是說你知道你在哪，你要往哪裡走，吉維失掉他的本體感覺，不知道他在別人眼裡的形象。奇怪的是，你無法在一部小說裡將吉維寫成一個角色，因為他整個的態度就是優越，『我是吉維・蔡斯，而你不是』。」

嗯，我的工作是個主管教練，輔助的對象即是對本體感覺稍微有點受損的成功人物，他們看著自己的生活及工作地圖，它告訴他們：「你在這裡。」但他們不願接受，抗拒事實。他們也許會想（正如吉維・蔡斯的名言）：「我是成功的，而你不是。」他們有權利想：「已經做對了，為何要改變？」

我真希望能夠彈一下手指，就讓這些人立即看到必須改變的理由。我真希望能夠把他們變到電影《今天暫時停止》（*Groundhog Day*，另一部雷米斯的電影，我最喜歡的電影之一，因為它說明了人如何可以變得更好）中，讓他們一次又一次重活同一天，也許是他們生命中最糟的一天，直到他們修正好方法。我希望自己有更急躁的性格，直接搖醒他們面對現實。我希望能夠把他們的缺點變成有生命威脅的疾病，因為怕死可以逼迫他們去改變。

但我不能也不會這樣做，相反的，我告訴這些人，他們的同僚實際上是怎樣看他們的，所謂回饋是我告訴他們「你在這裡」的唯一工具。在這本書中，我會說明如何在你自己和別人身上使用這個工具。

要讓人轉向走上正確路途並非難事，畢竟我們在這本書中看到的問題不是致命疾病（儘管忽略太久會毀掉生涯）。又不是根深蒂固的神經機能障礙，要經年的諮商或眾多的藥物治療才能去除。通常的狀況是，這些只是簡單的行為抽筋，我們每天在職場上重複數十次的壞習慣，要解決的話只需要：一、指出來，二、說明他們在周圍人身上引發的大混亂，三、證明只要輕輕扭轉一下行為，就可以達到非常正面的效果。

這有點像一個劇場演員老是在一齣喜劇中說不順一句重要台詞，結果笑果就毀掉了。導演的職責就是要注意到這個狀況，修順這個演員的台詞，然後這句台詞才能引發觀眾的哄堂大笑，沒有笑果就白演了。如果這個演員無法成功地調整好他的表現，導演只好另請高明。

嗯，就把我想成一個肯關懷演員的導演，要幫你說順台詞，製造最佳效果。

有個記者曾告訴我，在他的職涯中學到最重要的一件事是：「逗號放錯位置，整個句子就毀了。」也許你有各種很棒的條件可以勝任記者工作，你追查事實的能力有如犯罪偵查小組，可以把別人當成老友一般進行訪問，能同情同理被害人，痛責壞蛋，也許可以在截稿前把文字美美地編織在一起，還可以創造許多令讀者佩服不已的生動比喻。然而，如果你把一個逗點放錯位置，這個小小的失誤就會抵銷掉你其餘的貢獻。

把我想成一個善意的文法專家，協助你去除不對的標點方式。

聖地牙哥有一家我很喜歡的餐廳，那個主廚告訴我，他的招牌菜成敗是繫於一個祕密配方（就像可口可樂重兵看守的配方一樣，他也不肯透露），不放的話，老主顧的餐盤回到廚房時會剩一大半；適量加入一些，盤子會空著回來。

把我想成一個誠實的顧客，我讓餐盤原封不動地回到廚房，讓你知道你少做了一些什麼。

演員說不順台詞，記者用錯標點，廚師沒放關鍵配方，這就是我們在這裡討論的：**在職場上重複做惹人厭的事，而且沒有認知到小小的毛病會毀掉原本的大好前途。**更糟的是，他們不知道：一、事情現在正在發生，二、這些是可以解決的。

這本書是你的地圖，幫助你不要在迷宮裡一直轉錯彎，而能邁向登頂大道。

在一個可能很長的成功曲線上，你永遠是想從「這裡」移到「那裡」。

這裡可能很好了，假使你很成功，這裡已經完全是你想待的地方，這裡可能是指作為一家賺錢企業的執行長，這裡可能是指擔任頂尖雜誌的總編輯，這裡可能是指作為一個炙手可熱的投資理財經理人。

但這裡指的也是這樣的一個地方：你的行為及個人縱然有些缺失，但你仍然成功了。

這也就是你為何想去「那裡」的原因，那裡可以更好。那裡是指你可以是一個被尊崇為一個偉大領導者的執行長，不會干預別人的事；那裡是指你可以擔任一個很棒的總編輯，打造了一支很強的團隊且尊重每一個下屬。在那裡，你可以作為一個理財高手，善於傾聽，而且能讓客戶感受到，你關心客戶的願望甚於自己的需求。

你不必是一個執行長、總編輯或理財奇葩才能從這本書受惠。看看你自己的地圖，量一量你的這裡和那裡之間的距離。

你在這裡。

你可以到達那裡。

但你必須要理解為何你到得了這裡，卻到不了那裡。

讓旅程開始吧。

第二章

夠多你了

來談談我吧。我是誰呀，在這裡告訴你要如何改變？

我做為一名主管教練的生涯肇始於一通電話，打電話來的是一家財星百大企業的執行長。我剛為這家公司的人力資源部門上完一門領導課程，那是我在八〇年代晚期主要的工作：輔導人力資源部門找出未來領導人，並且發展訓練課程來幫助他們成為優秀的領導者。

這名執行長也有參與課程，一定是聽到了什麼打動他的東西，所以挪出寶貴的時間打了通電話給我，他有些想法。

「馬歇爾，我有這麼個人，他帶了很大的一個部門，每季都交出漂亮的數字和可觀的成果，」這個執行長說，「他很年輕、聰明、認真、品性好、有動力、肯努力、能創新、有點子、個人魅力強、傲慢、固執，一個自以為無所不知的混蛋。

「問題是，我們是一家以注重團隊價值起家的公司，沒有人認為他合群，我打算限期一年請他改進，否則他就得滾蛋。不過你知道嗎？假使可以讓這傢伙改變，對我們真的會是價值非凡。」

聽到「價值非凡」這幾個字，我耳朵當場豎了起來，在那之前，我都是上大堂課，教領導者如何改變他們自己及下屬的行為，從沒有一對一上過課，尤其是和一個差一步就可坐上數億身價公司執行長位置的人。我不認識這個傢伙，但從這個執行長簡略的描述中，我在心中有了很清晰的形象。他是個成功的混球，他在爬升的每一步都踏對階梯，不論是在工作上、足球隊裡、橋牌比賽中，甚或和一個陌生人的爭吵時，他都喜歡贏。他可以讓顧客服服貼貼、在會議上說服每一個人支持他、讓他的老闆想替他升官。打從他進入公司的那一刻起，額頭上就印著「深具潛力」四個字，他的財務也很自由，自由到他並非*必須*工作，而是他*想要*工作。

天分、魅力、腦袋、完美的成功紀錄、銀行裡的一堆錢……所有的這些配方，讓他覺得世界可以聽他使喚，讓這傢伙聚集了固執、驕傲和自我於一身。我如何幫助這樣的人改變？他的大半生，從他的收入、職銜、數百人每天聽命於他等，在在都肯定他向來的作法是對的。尤有甚至，就算我大約知道該怎麼做，我又為什麼一定要拿頭去撞這面牆？

這個挑戰激起我的興趣，尤其是「價值非凡」的說法。我以往已經用大班授課的方式，輔導過相當多中階經理人，這些人都處在成功的邊緣了，但還沒有真正成功。我的方法是否符合更菁英的那一段職涯所需？是否可以讓實際上已經成功的人更成功？這將會是個有趣的考驗。

我告訴這位執行長：「我應該可以幫得上忙。」

他嘆了口氣：「我懷疑。」

「這樣做吧，」我說：「我在他身上試一年的時間，如果他變好了，付我錢，否則免費。」

第二天我搭上回紐約的班機，去見這名執行長和他這名部門主管。

這是二十年前的往事。從那之後，我親自和逾百名類似遭遇的主管們共事過，他們有類似的腦力、財富和成就，且至少都有一個想像不到的、有礙生涯的人際互動議題要克服。

我現在就在做這樣的事。我是加州大學洛杉磯分校的組織行為學博士，有二十九年評估分析各種組織行為的經驗。現在我將這些用在幫助成功人士更成功的一對一課程中。我的工作不是幫他們變得更聰明或更富有，而是幫他們去找出困擾同儕的習性，然後去除，這樣他們才能保有對組織的價值。我的工作是要幫他們看清，將他們帶到目前境地的技能及習慣，也許不是可以幫他們繼續前進的技能和習慣。

舊道路不再通往成功。

然而我不是只協助超級成功人士，那當然是我重要的生意項目，但我也花了絕大多數的時間，輔導站在層峰下邊一點階梯上的人，他們也需要幫助。一個人站在組織金字塔的位置何在，和他的同事對他的人際技巧評價是不相干的，中階主管不見得比執行長離傲慢、冷漠、無禮、莫名的自以為是更遠。我的目標群是那一大群認定自己已經成功，但還想要更上層樓的人。

我輔導他們在職場上更有效能，方法是帶他們進入一個簡單但嚴格的機制。

首先呢，我會去徵求「三百六十度回饋」，對象是他們的命令系統中上下左右的同事，愈多愈好，通常也會納入家人，這樣更可全面評估他們的長短處。

然後我會用別人對他們的真實感受去挑戰他們，假設他們接受這樣的資訊，承認自己有改進的空間，也有決心要改，然後我才開始輔導他們。

我協助他們向每一個受他們不良行為波及的人道歉（因為這是唯一可以清除過往負面行為包袱的方法），並請這些人來協助自己改善。

我輔助他們去廣告自己想變好的努力，因為你必須告訴別人你想要改變，他們絕不會自己發現的。

然後我協助他們每隔一個月左右就要和同事追蹤成果，因為這是發掘表現好壞最實際的方法，也可以提醒眾人你仍在持續努力。

追蹤過程中不可或缺的一環是，我告訴他們要摒除成見去聽同事、家人、朋友怎麼說；換句話說，不要插嘴、抗辯。

我還說了，針對所聽到的這些意見，唯一適合的回應是感激；也就是說，我教他們如何說「謝謝你」不會太過或不及，我是一個說謝謝的專家。

最後，我教他們神奇的前饋控制，這就是我的「特別調味料」配方，就是去向別人詢問怎樣做會比較好的建議。

通常這些舉動對這些過度成就者而言有些紆尊降貴了，但是一年到一年半後，他們真的會變得更好，不只是他們在心裡的感受而已，而是在他們同事的觀感裡，後者更為重要。

如同我所說的，這個過程很簡單，但我必須作的說明的確可以寫成一本書，就是這本書。而我得趕緊說明的是，這本書不是只為了幫助我們身邊那些超級成就者而已，它可以幫助非常多的人。就像若是有人為了職業高爾夫球巡迴賽選手寫了一本指南，也許是很有趣的企圖，但只針對打高爾夫球人口中的十萬分之一有用處，不值得花這種功夫。

我不是隨手用高爾夫球來比擬，我就住在一個高爾夫球場旁，可以就近觀察打球的人，而且我也深信，在幫助成功的人變得更好這件事上，沒有比高爾夫球教學更相近的。打高爾夫球的人跟成功的人有著完全一樣的症狀，也許還更嚴重些。

例如，他們對自己的成就也有錯覺，他們聲稱（甚至真的相信）自己打得比實際上好。假設他們在一百場中，有一場突破九十桿，這例外的桿數很快會變成他們「平常的水準」。

打高爾夫球的人對自己的成就也有錯覺，這就是為什麼當第一球打歪時，他們會讓自己有再一次擊球的機會（即所謂的Mulligans）。拿掉這一顆壞球，不去計算這偶爾打壞的一桿，改變一下規則及計分卡，都是為了要修飾他們的差點數，及享有名過其實的球賽紀錄。

打高爾夫球的人，就像商場人物一樣，對自己的弱點錯估，卻拒絕承認，這正說明了，為何他們花很多時間練習他們的強處，卻花極少的時間在他們需要改進之處。這些特點無異於，上司在一個成果上抱走多於他應得的功勞，曲解事實來占便宜，又自以為在一些領域比人強，而別人卻知道他們很弱呢？

打高爾夫球的人，就像我輔導的企業領袖，有著一個很明顯的高貴特質：不論他們已經多好了，不論差點數是三十或平打，都還想要更上一層樓。這就是為何他們永遠都在練習，上教練的課、試新的球具、練習揮桿，廣泛吸收書報雜誌上的教戰資訊。

這是這本書背後的目的，是為了想要變得更好的人所寫，不論在工作、家庭或任何場所。

假使我可以幫你思考到這個可能，不管你顯然擁有的成功及不錯的自信，你也許不像你自己以為的那樣成功。我們在自己行為的角落中都有一些混亂的地方，而這些沒有整理好的角落是可以找出來好好理清的，這樣你我的世界就可以比現在要稍微好一點。

好了，談夠我了，再把焦點拉回到你身上。

第三章

對成功的錯估，或說為何我們會抗拒改變

普登這家保險公司數年前上過一則廣告，片中有一隻灰熊站在急流中，只剩下脖子以上露出水面，嘴巴打得大開，呲牙裂嘴的。這隻熊快要抓住一隻逆流翻躍的鮭魚，旁白是：**你也許覺得自己是這隻熊，不過我們建議你把自己想成是這隻鮭魚。**

這則廣告是設計來銷售失能險，我覺得這是很有力的陳述，恰好說明了我們在職場上會錯估自己的成就、地位及貢獻。我們：

- 高估自己對一個案子的貢獻度
- 奪取功勞，有時局部有時全拿，其實那是別人的成功
- 高估了自己的專業能力和自己在同儕心中的分量
- 順勢遺忘了我們犯的昂貴失誤及耗時的虛功

- 誇大我們的專案對利潤的貢獻度，因為沒有去計算執行時真正及隱藏的成本（成本是別人的問題；成功是我們自己的）

所有的這些錯估是成功而非失敗造成的，是因為我們從過往的成功中得到正向支持，而且，在心態上是很容易交待的，我們認為過往的成功預告了未來的大成就。

這不盡然是件壞事，像上帝那樣無所不能的錯覺加持了我們的自信，儘管有點太輕易得到。把懷疑消除了，讓我們看不到工作上的風險及挑戰。如果我們能緊抓住事實，看清楚每個狀況的如實面目，早上可能就不想下床了。畢竟在我們社會中最具現實感的是憂鬱症患者。

但當我們必須改變時，錯估就是一個嚴重的負債了。我們坐在那，充滿無所不能的感覺，當有人來試圖叫我們改變一下時，我們給他十足的排頭。

這是個有趣的三段式反應。

首先，我們認為這個人搞不清楚，他得到的訊息有誤，所以不知道自己在說什麼，他搞錯了，真正應該改變的對象不是我們。

然後，我們突然覺得，也許對方沒有搞錯。也許我們被注意到的缺點真有其事，於是進入否認的模式。批評不適用在我們身上，否則我們怎麼可能會這麼成功。

最後，別的都不管用了，我們就攻擊這個人，抹黑這個來傳遞訊息的人。「為什麼像我這樣聰明的人，」我們想，「要聽你這樣一個輸家講話？」

這些只是初期淺層的反應，叫做否認機制。這些成功人士會把它加入許多正面的詮釋，包括：一、他們過往的成功，二、他們影響成功的能力（而非純粹運氣好），三、他們樂觀相信他們的成功將延續到未來，四、掌握自我命運的感覺（相對於被外力所掌控），於是你得到一堆抗拒改變的理論基礎。

幫助我們成功的有四個主要信念，每一個都使得改變成為困難的事，而這就是成功的吊詭：將我們帶到這個境界的，可能會讓我們無法到達那裡。讓我們仔細看看這些「實證有效」的信念為何會阻撓我們改變。

信念一：我已經成功了

成功的人對自己的技能和天賦有信心。

成功的人成天悄悄地在自己的血管和腦袋中流動一個念頭，這句真言會像是：「我成功了，我成功了，我成功了。」這是他們的方式，告訴自己，他們擁有可以贏了再贏的技能和天分，不論他們是不是在腦中迴盪這句話，這就是成功人士的自我對話。

你也許覺得自己不適合這樣描述，你也許想這真的瘋了。但看看你自己，你怎有信心每天早上起來上班，充滿鬥志和渴望前去競爭？這不是因為提醒自己最近創造了多少爛攤子，或遭受多少挫敗；相反的，那是因為你不去想那些挫敗，而選擇留下成功的幾段光榮記憶。如果你像我所認識的多數人一樣，就會經常著眼於正向的事情，回味表現耀眼時的景象，令人驚豔、拔得頭籌時的場域。也許是在會議中那五分鐘的發言，淋漓盡致地表達高見。（誰不曾在腦海中一次次回味精彩片段，彷彿那是賽事中的精彩鏡頭重播。）它可能是你寫得言簡意賅的一份備忘錄，老闆讚賞有加，還要公司裡每個人傳閱。（誰不會想在有空時重看一下？）不論能證明的是什麼，只要它是好的，幫我們掙面子的，我們會自己再三咀嚼，還會轉述給任何肯聆聽的人。

在你成功的朋友身上，你會看到這種自信心態，只要聽他們對你重述的故事內容就知道了。他們會去細說自己的失敗？還是他們是勝利的傳奇？如果他們是屬於成功的朋友的話，就應該會是後者。

談到我們腦海中的思維，我們不會自我貶抑，而是自我拉抬，這是好事，不這麼做，也許早上會爬不起來。

我有一度和一個大聯盟的球員談話。每一個打擊手都會有幾個讓他打擊率比較漂亮的投手，他告訴我：「當我碰到一個過去都讓我打擊率比較漂亮的投手時，我通常站上本壘時都會想著，我『勝過』這個人，這會給我信心。」

這不令人意外，對成功的人而言，過往總是序曲，總是好的，但他還更進一步細想這事。

「碰到讓你打擊不漂亮的投手要怎麼辦呢？」我問，「碰到一個『勝過』你的投手，你會怎麼處理？」

「一樣啊，」他說，「我上到本壘時想著，我可以打敗這傢伙，因為我以前打倒過比他厲害多了的投手。」

換言之，他不只是倚靠過往的成功來支撐成功態度，甚至還倚靠那些並非太瑰麗的過往表現，那些證據本該是會削減他的自信的。成功人物從來不喝裝半杯水的杯子。

就算是屬於團隊的成就，他們也依然如此，不管他們多尊重隊友，當整隊人得到好成績，他們傾向於認為自己的貢獻要比實際上的更多。

我曾經對三個事業夥伴進行一個調查，要他們估計自己對收益的貢獻比，因為我認識這家企業的資深合夥人，我知道真實的數字。但這三人給的數字加起來，超過百分之一百五十！每一個都認為自己對公司利潤的貢獻比逾半。

這不只在我輔導的人身上成立，在任何職場都成立。如果你要同事評估對公司的貢獻比，總數往往超過百分之一百。這沒有錯，你希望周圍的人都是自信的人。（假如得到的總分低於百分之百，我勸你找新的工作夥伴。）

這個「我成功了」的信念，雖然大多數時候都是正面的，但在行為需要改變時則變成一種障礙。

成功的人經常在與同儕比較時高估自己，假使你讓成功的專業人士去幫他們自己及同儕打分數（在我的訓練講師生涯中，已經試過至少五萬個人），百分之八十到八十五的人會把自已評在前百分之二十，而百分之七十的人會把自己列在前百分之十。社經地位更高的人這種傾向更強，像是醫生、機師和投資銀行家之流的，百分之九十會把自己評為前百分之十。

醫生可能是最有錯覺的一群。我有一次為了一個延伸的研究，必須和一群醫生談話，那個研究確認了有一半的醫生畢業的成績屬班上後段，當場有兩個醫生堅稱這是絕無可能的事。

想像一下要如何去告訴這樣的人，他們有些事做不太對，必須要改。

信念二：我會成功

這是「我有信心會成功」的另外一種說法。

成功的人相信他們自身有使願望成真的能力，這不太像馬戲團的魔術表演中，有心電感應力的人可以用念力移動桌上的物品，或是折彎鋼鐵，但很接近了。成功的人真的相信光靠性格、天分或腦力，他們可以讓情勢轉變。

這就是為什麼在老闆徵求自願軍來解決某個棘手問題時，有些人會舉起手說：「讓我上場。」而其他人則縮在角落，祈禱自己不要被注意到。

這就是自我勝任感的標準釋義，而這也可能是督促一個人追求成功的中心信念。別人看成威脅，相信自己會成功的人看到的是機會，他們不怕不確定感或是模糊地帶，反而會張開雙臂擁抱，他們想要挑戰高風險，以求取更大的成功。只要有選擇的機會，他們總是奮力一搏。

成功的人有較高的「內控力」；換言之，他們不會覺得被命運陷害。他們看待成功是由人的動機和能力所運作成的，非關運氣、偶然或外在因素。

即便是運氣使然的時候，他們仍抱持這種信念。幾年前，我有六個合夥人想要參與一個很大的交易，由於我是資深合夥人，他們需要我的背書。我反對，告訴他們這樣做很蠢，最後我在百般不願下還是同意了。七年後，我這個「蠢」投資的回報成為我收過最大的一筆進帳：七位數。除了好狗運外，無法形容。但一些比我更成功的朋友可不這麼認為，他們堅信我的這筆好財富和運氣沒什麼關係，而是多年辛苦的回報。這就是成功人典型的反應。我們較願意去相信，成功是用一個人的動機和能力去「賺」來的（雖然明擺著不是）。

當然，這個信念和接收遺產，然後認為自己是白手起家道理相通；假如你誕生在三壘，你不應該以為自己擊出三壘打。然而，成功的人總是認為在他們的作為和成就間有種相關性，就算在真的毫不相關的時候也一樣。這是誤信，但也給了他們力量。

這個信念當然比另外一種好。想想那些買樂透的人，統計數字清楚告知，樂透是一種「遞減稅」，付出的是收入不那麼高的人。重度樂透迷比較相信，任何成功都是運氣、外在因素、和機率運作的結果。（這和最成功的人所持的信念恰恰相反，也是你為何很少看到百萬富翁在刮彩券的原因。）這些重度彩迷們將彩券看作成功是偶然之明證，他們覺得，只要買夠多的彩券，也許就能幸運贏得千萬財富，研究也發現，持這樣信念的人比較不是屬於成就或收入高的一群。

雪上加霜的是，很多中了頭彩的人都沒有把彩金規劃處理好，引導他們去買成千上百張彩券的信念在他們中獎時再度被強化了，也就是，他們還是不做理性的投資決定，再度期待幸運之神，而不是自己的聰明才智，來讓他們更富有。這也是為何他們會一股腦兒陷入這種令人不敢恭維的習性，他們沒有可以靠自己成功的基本信念，所以只能仰賴運氣。

成功人士取代這種彩迷心理的是一種對自我的堅定信心，不過也因此產生要幫助他們改善行為的另一難題。成功的人最大的錯誤之一是「我很成功，我是這樣的人，所以因爲我是這樣的人，於是會成功！」的假設，我的挑戰在於要讓他們看清，他們有時成功了，儘管他們是這樣的人。

信念三：我還會再成功

這是「我有想成功的動機」的另一種說法。

假如「我已經成功了」是指過去，「我會成功」是指現在，那麼「我還會再成功」則指將來。成功的人有一種很從容的樂觀主義，他們不只相信自己可以製造成功，甚至認為那根本是他們應得的。

於是，成功的人會熱切地追求別人視為混沌未明的機會，假使他們立下一個目標，並且公開宣布了，他們會「不計代價」達到目標。這是好事，但很容易突變為盲目樂觀，這解釋了為何成功的人會極度忙碌，冒著承諾過頭的風險。

要當一個有野心的人大不易，有這一種「我還會再成功」態度，很難對喜歡的機會說「不」。絕大多數我所輔導的主管們，都覺得今天比起以前更忙，我還沒有聽到哪個客戶說：「我沒有夠多的事可以做。」這種忙碌不是肇因於他們有很多問題必須處理。我去調查為何這些主管覺得使命感這麼重時，沒有一個說他是要「拯救一艘沉船」，他們這麼衝是因為「淹沒在機會之海」。

也許你碰過這種情形：你完成了一件了不起的事，突然間，每個人都想要擠到你的身邊來，想沾沾你的勝利。他們很合邏輯地想，既然你已經製造了一次奇蹟，應該可以為他們再創造新的奇蹟。於是，機會以一種你前所未見的速度湧現，你既不夠老道也不夠把持來回絕。只要一不小心，就會被壓垮，水能載舟亦能覆舟。

在我的志工工作裡，我最喜歡的歐洲客戶是一家世界著名人道服務的處長，他的使命是要幫助全球最弱勢的族群。不幸的是（對我們全部的人而言），他的生意太興隆，只要有人前來求助，他既不夠冷血也沒意願推辭。所有的事都被

「我還會再成功」的信念所推動，結果，他接下來的事，就算最鞠躬盡瘁的員工也做不完。

當然啦，危機就在於這種沒有檢視的「我還會再成功」的態度裡，導致了人員累垮、高離職率，以及一個逐漸削弱的團隊。身為領導者，他最大的挑戰是要避免過度承諾。

這種「我還會再成功」的信念，在我們真的需要改變時會扼殺掉成功的機會，我確信堅持追蹤客戶後續狀況是很必要的，看看用了我的方法，他們到底有沒有真的改善了。幾乎每一個參加我的領導課程的人都打算要將所學回去運用在工作上，很多人做了，也真的變得更好了！不過，我們的調查（後頭會再討論）顯示，很多人什麼也沒做；他們寧可坐著看電視影集。

這些「啥也沒做的人」在被問到：「你不是說要去貫徹這些行為上的改變，為什麼沒做？」到目前為止，最常聽到的回答是：「我想要呀，但是就是沒空去做。」換言之，他們過度承諾了。這不是說他們不想改變，或是不認同改變的價值，他們只是花光了一天中的所有時間，他們以為「待會就去做」，但「待會」一直沒出現。承諾過頭就和相信你不用改變缺失，或是你的缺點是你成功的必要之惡一樣，都是改變的重大阻力。

信念四：成功是我的選擇

成功人士相信他們所做的是所選擇的事，因為是他們做了選擇。他們對於自己能否決定有高度需求，一個人愈成功，這點愈為真。當我們做自己選擇的事時，就肯承諾；當我們做必須去做的事時，就比較勉為其難。

你可以在任何工作上看到這種差異，就算是金錢報償跟表現好壞無關的時候。當我在肯德基州上高中時，就連我這種愛搞笑的學生都可以看出，有些老師對他的職業有使命感，其他的只是混飯吃而已，最棒的老師都屬於前者，他們對我們有責任感，而並非受外在力量（例如薪資）所驅使。

成功的人有種痛恨受控制或指使的特性，這點我在工作中屢屢感受到，就連我這樣有輝煌經歷證明可以幫助他人改進的人也不能豁免。也就是說，我很擅長輔導，還是碰到抗拒。我現在已經能泰然面對這個事實：我不能使人改變，我只能幫助人改變他們選擇要改變之處。

棒球教練瑞克·皮提諾（Rick Pitino）寫了一本書叫《稱霸人生》（*Success Is a Choice*，書名直譯是「成功是一種選擇」），我同意，「我選擇成功」和任何一個領域的成就完全正相關，我們不是剛好撞上成功；而是我們選擇了成功。

不幸的是，要讓「我選擇要成功」的人說出「我選擇要改變」是個很難的轉換。等於是把腦子裡根深柢固的信仰轉彎，說來容易，做來困難。我們愈是相信自己的行為是選擇及承諾的結果，就愈不會想去改變行為。

有個理由可以支撐這個，而且是心理學裡研究得最透徹的法則，叫做認知失調。是指我們心中所相信的，和實際上經驗到或看到的失去連結，背後的理論很簡單，我們愈認真相信某事為真，就愈不會去相信它的相反為真，即便有一清二楚的證據出現在眼前。例如，假設你認為同事比爾是個混蛋，就會用這個信念過濾他的行為。不論比爾做什麼，你都會用放大鏡去看，佐證他是個混蛋。就算有時他並不太糟，你會解釋為比爾是混蛋的例外狀況，要讓你改觀，比爾必須持續當很多年的聖人才可能。這是用在別人身上的認知失調，在工作場合裡可能會很具破壞力，也有失公允。

但認知失調用在成功人士自己身上往往利大於弊，我們愈相信一件事為真，我們愈不會去相信相反的事為真，即使眼前的證據顯示我們挑錯路了。也因為如此，成功的人在風雨飄搖時也不會退縮或搖擺，他們對目標及信念的堅持使其用玫瑰色鏡片看事物。在很多情況下，這是好事，這種執著鼓勵人能「繼續堅持」，不會一碰到了困難就放棄。

當然，同樣的執著可能會對成功人士有反作用力，例如在他們應該改變路走時。

成功如何使我們迷信

這四種成功信念，我們有能力、自信、動機和選擇的自由，讓我們變得迷信。

「說誰？我？」你說，「不可能，我不迷信，我的成功是自己掙來的。」

你也許沒錯，若是指一些「幼稚」的迷信，例如穿過梯子下會倒楣，或是打破鏡子，或是讓一隻黑貓跑過面前這種。我們多數人會斥責迷信是未開化或未受教育者的愚蠢信念，在心裡深處，我們認為自己是超脫這些蠢念的。

別這麼快下結論，在某種程度上，我們都超級迷信。在很多例子中，我們在組織的圖騰柱爬得愈高，就會變得愈迷信。

以心理學來說，迷信的行為源自，錯誤認定一個特定活動之後發生某事，特定活動就會變成原因。這個活動可能有作用，也可能沒作用；也就是，可能會影響某人或某事，也可能是獨立事件，無意義的。但是如果我們做了它之後，有好事發生了，然後我們就作了個連結，而且會想要重複再做。心理學家施金納（B.F. Skinner）是最早提出這種愚蠢行為研究的，在他的實驗中，饑餓的鴿子會重複扭動，因為偶然這樣做時會得到一些穀粒，在發現用特定方式扭動馬上會得到餵食時，鴿子學會重複這樣的扭動。牠們誤以為扭動導致食物出現。跳動，得到餵食；再跳，就可以吃更多。

聽起來很蠢，不是嗎？我們不可能有這種行為，我們安慰自己，我們比施金納的鴿子進化的程度高多了，但就我的經驗而言，饑餓的企業人不斷在重複特定行為，只要他們相信大堆錢財肯定會因此湧向前來時。

迷信只是將因果關係和相關性混為一談，人就像任何動物一樣，都傾向於重複會引起正面結果的行為。我們的成就愈高，就表示曾得到過愈多正面結果。

成功者最大的錯誤之一是這個假設：「我的言行如此，所以達到這些成果，所以一定是因為我的這些言行，讓我能達到這些成果。」

有時這樣的想法為真，但不是全然成立。這就是迷信插上一腳的地方，這個謬誤創造這本書的必要性，即「舊道路再也無法通往成功」，我在說的是，因爲我們的行為所以產生成功，和儘管我們行為如此卻也成功了的差別。

我最大的任務是要幫讀者看清其中的差別，看看他們搞混了「因為」和「儘管」的行為，並規避這種「迷信的陷阱」。

這是我輔導一名主管時最大的障礙，姑且稱他為哈利。哈利是個極其聰明又認真的主管，經常達到漂亮業績。他不只是聰明，在公司裡對事情很有穿透力，上上下下的人都不得不承認這點。他的許多點子帶來突破性的流程和步驟，每個人都大方地將這些功勞歸給他。對於推動他的組織，哈利起了很大的作用，而且哈利還有其他的優點，他真的關心公司、員工和股東。他有一個賢內助，兩個小孩也擠進一流大學，在好地段裡有漂亮的房子，哈利的事業生活兩得意。

迷信的人都相信總是會有缺點存在，這幅完美圖畫中的小缺點是，哈利不聽人說話。雖然他的下屬和同儕尊敬他，但他們覺得他沒有在聽他們講話。就算你想到，他們有時會被他的敏銳及創意影響而略為膽怯，所以稍能接受哈利不必要每次都聽他們說話，但哈利仍算得上是一個世界級的拒聽激進分子，而不只是一個偶而會分心的天才。他的同事常覺得，如果哈利對一件事已經打定了主意，再表達其他意見是沒有用的。我進行回饋調查時，全公司上下都表達了這個看法。在他的家中亦是如此，他的太太和小孩覺得他一個字都不聽，如果哈利的狗會說人話，我懷疑也會叫出同樣的結論。

我提醒哈利，也許他的才能、努力，加上一些好運造就了他，我也說，也許儘管他聽人講話的態度令人不敢恭維，但還是成功了。

哈利認知到，別人認為他應該改進聽話的態度，但他不確定是否該改，他認定這種糟糕的聽話意願是他成功的功臣。就像很多成就高的人一樣，他想要護衛這種迷信的念頭。他指出，有些人會提出差勁的點子，他不喜歡將多產的腦袋隨便塞入壞點子，壞點子就像腦筋污染源，需要將之過濾清除。他不願單純為了讓別人覺得好過，而假裝去聽壞點子。「我不會讓傻瓜好過。」他說這話時有驕傲沒耐心。

這是頭號的辯護反應，被逮到有迷信情況的人就會如此。他們緊抓成功和特定行為有所因果關係的想法，不論這行為是好是壞、是否說得過去、是否合理。他們不肯接受不是因為他們不太好的行為讓好事發生，有時這兩者間真的沒有任何因果關係。

我的任務就是要讓哈利看清這個謬誤的邏輯。

在我問到是否他真心認為同僚和家人很愚蠢時，他有些不好意思地承認，這樣的評論有些過頭了。這些人中有他尊敬的，有他必須仰賴成事的人，他的成功是靠他們維繫的。

「進一步檢討後，」他說，「也許有時候，我才是那個笨蛋。」

對哈利而言，這是一大步，不但承認別人感覺的合理性，也認知到，也許「有時候」是他愚蠢。

但是哈利接著進入第二個辯護反應：擔心糾正過頭。他擔心他可能會聽過頭了，這樣會扼止他的創意泉源，讓他變得不情願分享意見，最後導致創意枯竭。我指明了，一個五十五歲的人，一輩子以來都不愛聽人說話，能夠過度糾正，突然轉性，對別人的想法過度感興趣，這種危機很遙遠吧。我向他保證，這個顧慮可以從他該擔心的清單上劃掉。我們是在修正一個不好的行為，不是要轉信另一個宗教。最後哈利終於決定，與其浪費時間為自己不正確的行為辯駁，聽聽別人的意見可能比較會有收穫。

哈利不是個特例，基本上我們每個人都迷信，對於我們和成功錯誤混雜在一起的不良行為，過度珍惜。

我也輔導過一些人，他們堅稱對同事苛刻的評語是絕對必要的，因為他們言簡意賅的、令人難忘的反駁正是激發出大點子的地方。（我問他們是否碰過跟他們一樣有創意，但是卻很和善的人……這有讓他們想一想。)

我也碰過有些業務人員，他們認為自己對客戶硬逼、纏鬥式的銷售技巧，是他們比同儕業績好的原因。(我指出，如果這為真，那些比你溫和的同事哪有辦法賣出任何東西？有沒有可能是因為你的產品很棒，或是你打的電話比較多？)

我輔導的主管中，有人堅信自己讓下屬感到遙不可及、神祕的沉默，常常神龍見首不見尾，是一種故意設計的技巧，好讓下屬可以獨立思考。(我指出，培養部屬主動任事的態度是主管的任務，但你是因為正當的理由如此？或者只是在為自己辯護，因為你恰巧是這種人而又拒絕改變？如果你能夠引導他們走到正確方向，並且讓他們看懂你的思路，難道不會讓他們更能獨立思考？會不會其實他們學會獨立思考了，儘管你不管他們？)

現在，我們把焦點轉向你，因為很少人是對迷信免疫的。找出一個你自己覺得古怪且令人討厭的習慣，你知道那點有對家人、朋友造成困擾。現在，問自己：你繼續保有這個習慣的原因，是不是覺得它和發生在你身上的好事有關？仔細檢視一下，這個行為幫你達到一些成果？或者它只是一個不理性的迷信，已經控制你許多年？前者是「因為」的行為，後者是「儘管」的行為。

要爬出這個迷信的陷阱需要經常問問自己：這種行為是我成功的確切理由，還是在開自己玩笑？

如果你把自己「因為」和「儘管」的行為加總一下，你可能會驚訝自己迷信至此。

我們都遵守自然法則

互動網際（IAC/Interactive）集團執行長貝里·狄勒（Barry Diller）曾在哈佛商學院解說他在組構集團內一些公司，例如門票專賣公司（Ticketmaster）、線上訂房公司（Hotels.com）、約會配對公司（Match.com）、線上房貸公司（LendingTree.com），這塊大馬賽克背後的道理。有一個學生提問說，這些不同的生意看起來似乎各行其是，並沒有呈現出和諧的綜效樣貌。

狄勒假裝生氣道：「別再用綜效這個詞，這是討人厭的字眼。唯一真的在運作的是自然法則，只要給足夠的時間，我們這些不同生意間的自然關係就會生長出來。」

我同意。對一個巨型公司的相異單位適用的道理，也可以用在組織中不同的個人身上。你不能強迫大家一起工作，不可以命令綜效的執行，無法製造和諧，那是兩個個人或部門間自己的事。你也不能命令別人改變思考及行為，唯一行得通的是自然法則。

三十年觀察成功人士要變得更成功的經驗中，我所看到的唯一一條自然法則是：人會做某事，是因爲做某事確定會帶來在其價值觀中符合自身最大利益的事，包括改變行爲在內。

我不是在這裡憤世嫉俗，或在暗指人不自私天誅地滅，每天還是有很多人出於自己的意志做出無私的善行，而且其中並沒有明顯對價的好處。

然而我要說的是，當你在等式中拿掉自我意志，有不可掌控的外力涉入時，自然法則就適用了。為了讓你聽我的指令，我必須證明這樣做對你有些好處，不論是立即的或將會發生的，這就是自然法則。每一個選擇，不論大小，都是一個投資報酬率的決定，你的底線思考是：「這對我有什麼好處？」

沒有人要為這致歉，這是這個世界的運作之道。

正是這股力量能讓死敵開始合作，如果你挖掘得夠深，你會發現並不是出於利他心態或是改過向善使然，而是他們可以雙贏的不二法門。你在政界不斷看到，不同陣營的死硬政敵同意共同支持一個法案，只因法案不同部分可以讓他們分霑利益。

正是這個力量，在職場上一個人可以忍氣吞聲，承認自己錯了。對很多人而言都很困難的事，當它是唯一擺脫困境向前的方法時，他們就會去做。

同樣的道理，人會推掉一份薪水更好的工作，因為他們覺得新環境不會更快樂，他們會問有什麼好處，然後做出快樂比金錢重要的結論。

對我而言，感謝自然法則的存在，否則要成功人士改變會比登天還難。

我前面提過，成功人士沒有太多要改變行為的理由，卻有很多應該要維持現狀，想擁抱成就他們之功臣起舞的理由。

他們的成功強化了這樣的想法，所以已經做的事最好持續下去比較好。

過去的行為預示未來仍舊一樣光輝。（我從前就是這麼做的，看看這如何造就了我！）

然後就有了傲慢，感覺「無所不能」，那就像塊充分訓練的肌肉一樣，十分發達，尤其在經歷一連串的成功之後。

然後日積月累下來，成功的人也會形成一個金鐘罩，裡頭迴盪著：「你是對的，別人都錯了。」

那就是令人頭痛的辯護機制，得去突破。

對一些人而言，告訴他們，別人都討厭他們的某個行為，還是完全無所謂；他們才不管別人怎麼想，都認為是別人搞不清楚狀況。

對另一些人而言，想要威脅他們說這樣的行為會搞砸升遷的機會；他們都覺得自己彈指之間就可以在別處找到更好的工作。（不論現實是否真的如此，他們自己深信不疑！）

訴諸他們不在乎的結局來說服他們改變是件難差事。我有一次被請去輔導一個軟體奇才，他是公司裡不可或缺的技術靈魂，。執行長想讓他變得更有團隊精神，多多和別人互動，看會不會將他的「天才」散播一些到公司其餘的人身上。

問題只有一個，經過五個月的努力之後，事實很明顯，這個人基本上有反社會人格。他理想中的世界是一個房間、一張桌子、一個電腦螢幕，和（絕對重要的）一套最先進的音響設備，可以一天二十四小時提供背景音樂（歌劇吧，如果我記得沒錯）。他不想和別的小孩好好玩，他想要全天候不受打擾。

我猜我們也可以威脅要把玩具拿走，如果他不改變的話，但那會達到什麼樣的後果？他不會更好或更快樂，而這家公司會「失掉」最重要的資產。改變他是沒有什麼意義的，這是我對執行長做的建議。

「你的打算理論上是好的，但你希望的和他的價值觀並不相關，」我說，「就隨他去吧，他高興就好，他又沒打算去別的地方，想把他變得不像他，何苦這樣把他嚇走？」

這傢伙是個大例外，脫離一般狀況很遠。

大多數人對改變的抗拒都可以訴諸自然法則來克服。任何人，就算是整屋子裡最自以為是的人，都會有罩門，那種罩門是一種利己主義，只要我們能找到它，因為那因人而異。

假如說我做的事裡有任何藝術成分的話（相信我，不會太多），也許就在於此，就在於發現某人罩門的關鍵時刻。

幸運的，成功的人讓人很容易找到罩門，假使你逼別人去找出他們利己主義背後的動機，通常可以歸納到四項：金錢、權力、地位和聲望。通常這些也是成功的標準附屬品。這是為何我們拚命追求加薪（金錢）、升遷（權力）、更好的職銜和辦公室（地位），也是為何渴望每一個人都喜歡我們（聲望）。

每個人的罩門不同，而且會隨時間而改變，但還是受到利己主義的趨使。我的客戶有金錢、權力和地位，通常聲望也不錯。達到這些目標後，他們轉為追求更高的目標，像是「樹立典範」或「成為激勵人心的榜樣」，乃至「打造一個偉大的公司」。如果你想在其中找到利己主義的罩門，並沒有。

我最津津樂道的成功經驗發生在一個業務主管身上，他叫約翰。他在公司裡，深陷於與另一個主管的敵對中，這兩個男人已經交戰數年了（雖然我們不清楚「另外那個人」有沒有同樣的執迷）。不論約翰做什麼，不管是員工旅遊時打高爾夫，或是張貼每季業績，假設另外那個人沒有落後他的話，他就不算「贏」。

執行長找我去，因為約翰是營運長的首要人選，他的一些「稜角」必須要去除。約翰的問題，從回饋調查中看來，是太過想贏（驚訝對吧！）。常常發生在與他的下屬互動時，經常要占上風，他總是更正他們的想法，或者堅持他的意見可以改進原來的提議。

要約翰改變，必須技巧性地支持可以觸動他的東西。賺更多錢不能激勵他；他很有錢，權力和地位也不能吸引他；他在公司內地位已經爬到超過他預期的位階了，聲望不是問題，以他的業務能耐要討人喜歡很容易，他人緣已經很好了。

讓他認真去改變的原因是，不這樣做會輸給他的頭號敵人，這樣想法讓他受不了。這不是最光榮的動機，但我不會批評讓人改變的動機，我只在乎他們有沒有做。

還有一次，我輔導了一個因為嘴巴很壞而惡名昭彰的主管，他同意改變的原因是，他的兩個兒子在家模仿他的言行，他不希望留給世人的是兩個尖酸刻薄的混球。（第六章會談更多他的事。）

看看你工作的地方，你為何會留在那？是什麼讓你日復一日前去？是金錢、權力、地位和聲望這四大天王之一嗎？或是經年累月下來更深、更隱晦的東西？假設你知道什麼對你重要，要堅守改變就比較容易，假如你找不出對自己重要的東西，你不知道何時會被動搖。在我的經驗裡，人只有在他真正的價值觀受威脅時才會改變。

第二部

二十個讓你與巔峰絕緣的習慣

半數以上的領導者根本不需要學習做什麼，

而是需要學習不要做什麼。

第四章

二十個習慣

知道該停止做什麼

擔任彼得·杜拉克基金會十年的委員，我有許多機會聆聽這個偉大人物演講。在我聽彼得·杜拉克眾多智言慧語中，最震聾發聵的是：「我們花了許多時間教領導者做什麼，並沒有花夠多時間教他們不要做什麼。我所遇到半數以上的領導者根本不需要學習做什麼，而是需要學習不要做什麼。」

多麼有道理。想想你的組織，最近一回參加的公司訓練營或課程，有過名為「我們不要再犯高階做的蠢事了」的課程嗎？何時你的執行長在公司內對大家講話時，是想針對如何努力克服他的負面問題，好能激勵員工？你能想像你的執行長（或直屬老闆）在公開場合承認自己的小毛病，說明他要如何不要再犯？

也許並沒有。

當然是如此，多半是因為企業都想要顯得很積極，維持快速前進的動能。組織裡的每樣設計都是為了展現對積極性的支持，具體的表現就是要做些什麼。我們會開始把注意力放到客戶身上（而不是停止談論自己），我們必須開始更專注聽別人講話（而不是在別人說話時停止滑手機）。

同樣的，大多數組織裡的獎勵系統完全是為了鼓舞做了什麼，我們因為做了什麼好的事而得到讚賞，卻極少因為停止做某種不好的事而受到稱讚。儘管這是一體的兩面。

想想你看到同事拜訪完客戶帶回大筆訂單的時候，如果他們是像我一般認識的那種業務，他們會回到辦公室來炫耀那張賺錢的訂單，鉅細靡遺地告訴每個願意聽的人，口沫橫飛說著他是如何把客戶手到擒來的。他們會持續好幾個月繼續講這個功績；但反過來看，萬一在拜訪客戶時，業務員算了算數字，了解他們快要談下的這筆生意，會讓公司每賣一件賠一件，假設他們當場決定停手，推掉這筆生意，他們是否還會奔回辦公室，吹牛說他們剛剛避掉一筆爛生意？很少如此，因為避掉錯誤是看不見的、不會被人宣揚的成就，不值得花時間，也不值去想的。然而，很多時候避開不好的生意，貢獻遠大於談下一筆大生意。

九〇年代時，傑若・李文（Gerald Levin）是非常受人尊敬的時代華納總裁，業界美稱他是高瞻遠矚的執行長，他預見有線電視的潛力，協助設立 HBO，將時代華納由一個雜誌、電影、音樂的企業，轉型成傳媒巨霸。

但在二千年時，李文做了一個錯誤決定。他讓德高望重的時代華納和迅速崛起的網路公司美國線上（AOL）合併，認為一定可以創立一個稱霸幾十年的企業。當然，事與願違，這宗合併差點毀了時代華納，股價跌掉百分之八十，成千上萬的員工失掉他們口袋裡的退休金。至於李文，他丟了工作，身價大減，賠掉一世英名。他從時代華納的總裁，變成一個美國史上最糟的企業合併締造者。

現在，想像一下假使李文在與美國線上談判的任何一個時點上，有踩了一下煞車，抽離這個交易？最大的可能是，我們永遠無法得知有過這檔事。李文不會召開一個記者會，說：「我們不合併了！」他會默不吭聲，就當它是另一個避掉的壞主意，然而……如果他這樣做了，假使他只是單純停止正在做的事，他的名聲和身價就會紋風不動。

這就是不做某些行為的詭異之處，沒有人會注意，但這可能比我們所做的任何其他的事加起來都還要關鍵。

因為某些緣故，我們在日常生活中，比較不會這樣去毒害我們的思維。在職場外，當我們停止一個行為或避掉壞決定時，我們會一直恭喜自己。

幾年前，內人和我決定不要做一筆房地產投資，我們覺得風險太高了。幸運的是（不過我們的朋友沒有這麼幸運），它搞垮了。每一個月，當麗姮和我坐在廚房整理帳單時，都會對彼此說：「感謝老天，我們沒有栽進那個投資案裡。」然後會一陣靜默，很難過地想到朋友的損失，然後繼續清理帳單。這是我們禮敬避掉壞決定的方式。

戒除壞習慣時也是如此，假使我們成功戒了菸，會認為是個很大的成就，會一直恭喜自己，別人也是（他們應該驚訝，尤其想到一般人要平均戒菸九次才戒得掉）。

但我們在一定可以成功的組織氣氛中會失去這個常識，那裡沒有系統會來禮敬避免壞決定或停止惡習。我們表現的評鑑都是根據我們做了什麼？創造多少業績？比去年成長多少？就算是較不重要的個人目標也是會根據我們主動採取的行動來表達，而不是停止做的行為。我們因為做到準時而受讚揚，而不是停止遲到。這點其實可以扭轉，我們所要做的只是在看待自己的行為時，心態上調整一下。

把你的記事本拿出來，不要像以往一樣記「待辦」事項，開始記「停辦」事項。在看完這本書以前，你的事項可能會一直增加。

調整成中立的

我們要停止再將所有的行為用正面或負面來形容。不是所有的行為都有好壞 之分，有些只是中立的，不好不壞。

例如，假如別人不覺得你很和善，你想要改變這個觀感，你決定：「我要變得更和善。」

你會怎麼做？

對很多人來說，這是個大工程，需要列出一長串正面作為。必須要開始讚美別人、更常說「請」和「謝謝」、更有耐心聽別人說話、和人說話要有禮貌等等。事實上，必須要將所有在工作上的負面行為轉為正面，對很多人而言誠非易事，要一個人完全改造性格，比較像是改信宗教，而不是職場上的改進。根據我的經驗，即便有也是極少人能夠一夕在人際互動中做很多改善，一次只能應付一件，但是做半打以上的改進呢？不樂觀。

幸運的是，要「變得更和善」有一個偷吃步。只要「不再做個混蛋」就好了，很簡單的是，無需想出新的與人為善方式，不用規定日課好改造人格，不用提醒自己要說好話、給人讚美、撒些小謊來潤滑工作氣氛。只要做一件事：什麼都不做。

會議上中有人提出一個不是那麼高明的想法，不要批評，什麼都別說。有人挑戰你的決定時，也不要和他爭辯，不要找藉口，靜靜地想一想，然後什麼都別說。當有人提出有用的建議時，不用提醒他你早就知道了，謝謝他，然後什麼都別說。

這不是個語義學遊戲，知道不要做什麼的好處就是要做到實在太簡單了，然後就能達到更具啟發性的中立境界。

成為一個更好的人，以及停止當一個混蛋的兩個選擇，哪一個你認為比較容易做到？前者需要做到一連串的正面言行，後者只不過是刪除一個行為罷了。

用盒子來想像。要當一個更好的人，必須每天表現出很多微小的優良事蹟，才能裝滿盒子，打造出一個新的你。要花很久的時間才能裝滿這個盒子，要別人注意到盒子滿了要歷時更久。另一方面來說，停止當一個混蛋不需要學新的行為，無需用正面成就來填滿盒子，只要不要把負面東西放進去，讓它空著就好了。

在閱讀這個單元中的人際議題時，要記得這點，並且想想有哪一個像在說你。你會發現，**糾正行為不需要太高難度的技巧、費力的訓練、辛苦的練習，或是超強的創意，所需的只是一點點想像力，不要做以往做的事。**事實上，不要做任何事。

我們有什麼毛病？

在我們來談修正錯誤行為前，要先找出最常見的毛病。

我要趕快聲明，這是特定種類的毛病。

這些不是職能上的缺陷，我沒有辦法調整那種。假設這是一個棒球隊，我是教練，但不是要教你如何打擊一個變化球，那是打擊指導老師的事。我這個教練要教你的是，如何和隊友相處，如何好好打球，而不是如何打棒球。

他們在才智上都沒有問題，要我教你變聰明未免也太遲了。如果是這上頭的缺陷，後果早該在你出生到大學畢業前這段期間出現，我來不及參加，反正也幫不上忙。

這些也並非改變不了的性格，我們不是要在這試圖討論精神疾病，透過一本書也無法開出關鍵藥方，那個得去看醫生。

我們在此要討論的是人際行為，而且主要是領導行爲。這些日常可見的惡劣行徑，使得你的公司變得相當令人不敢恭維，這些不是獨立運作的，它們是一個人和他人互動上的缺失，它們是：

1. **太愛贏**：不計一切代價想贏，任何狀況下都想贏，重要的時候、不重要的時候、無關緊要的時候都要贏。
2. **加值過度**：無法遏止對每一個討論提出自己看法的渴望。
3. **打分數**：幫別人打分數的衝動，將自己的標準套在別人身上。
4. **惡言批評**：想要讓別人覺得自己很靈巧慧黠，出言嘲諷或給出尖銳評語。
5. **用「不是」、「但是」或「然而」開頭說話**：過度使用這些負面的修飾語，好像暗示別人：「我是對的，你是錯的。」
6. **告訴全世界我多聰明**：想告訴別人我比他想像中更聰明。
7. **生氣時發言**：將情緒作為一種管理工具。
8. **否定，或是「讓我告訴你為何這個行不通」**：即使別人沒問你，也想要散布負面思考。
9. **壟斷訊息**：不肯分享訊息，想藉此居於優勢。
10. **不能適時讚賞別人**：不會去讚揚及嘉獎別人。

11.搶別人的功勞：高估自己的貢獻度中最可惡的行為。

12.找藉口：想將討厭人的行為塑造成個人特點，期待別人因此不跟他計較。

13.怪罪過去：想將對我們的指責轉嫁到以往的經歷上；也是怪罪別人的一種方式。

14.偏心：沒有意識到待人不公平。

15.拒絕說對不起：無法為自己的言行負責，不會承認錯誤或自己對別人造成困擾。

16.不聽別人說話：對同事不尊敬的方式中最以退為進的一種。

17.不表達感謝：典型的沒有禮貌。

18.懲罰傳訊息的人：不必要的攻擊，受害的是無辜而且想幫我們的人。

19.推卸責任：想怪罪其他人。

20.過多的自我：只要是和我相關的，母豬也會變貂嬋。

也許馬基維利（Machiavelli）[1]可以把這些缺點美化成優點，然後示範要如何把它們當成反本能而行的戰術，好去打

1. 1469-1527，義大利哲學家、史學家、政治家，為文藝復興時期重要人物，被譽為近代政治學之父。著有《君王論》，書中提出了現實主義的政治理論，其中「政治無道德」的權術思想，後人稱為「馬基維利主義」。

贏敵人。但在檢視這些惱人行為的過程中，我會讓你看清，要贏得盟友最好的方法是修正這些缺失，長期而言，比起護衛這些令人敬而遠之的行為，這才是一個比較有機會成功的方式。

我承認，這是一個可怕的惡行總匯，假使我們是單從一個地方蒐集出來的，那裡八成會是個恐怖企業。誰會想要待在一個同僚都有這些罪行的地方工作？但每日都有人在犯這些毛病。好消息是，這些毛病很少一起出現，你可能認識某人有其中一兩個毛病，另一個人有其他的一兩個毛病，很難找到一個成功的人擁有過多的這些毛病。這樣很好，因為我們想讓改變長期奏效的任務就簡單多了。

還有呢，這些毛病很容易改好。人天生就具備修正的能力，例如，治好不表達感謝的方法就是記得要說：「謝謝你。」（能有多難？）那些不說對不起的，就學著說：「我很抱歉，我會改進。」懲罰傳訊息的人這毛病，就去想像我們若設身在同樣的情境下，會不會喜歡別人這樣對你。不聽別人說話的，就是把嘴巴閉上把耳朵打開，以此類推。雖然這些事情都很簡單，但不容易做到（這是有差別的）。你其實已經會了，就像綁鞋帶或騎腳踏車，或任何其他可以延續一生的技能一樣。但我們從未留意每天有多少機會用到，所以生鏽了。

再檢視一下這張清單，這不是說（我在禱告）你犯了全部這些毛病。甚至也很難犯下六條、八條以上，就算如此，這八條全都嚴重到令人擔心的程度也不太可能。通常是有些情節較嚴重而已，假設二十個人當中只有一個說你有用憤怒作為管理手段的問題，就讓它過去。相反的，如果其中十六個人都有提到這點，我們就來改善它。

找出一兩個真正情節重大的，這就是你的起點。

基於這個道理，我的工作是告訴你如何去做，這只比教別人「如何多表現長處，不要曝露缺點」難上一點而已，還有比這更簡單的事嗎？

爬得愈高，碰到的愈容易是行為上的問題

這就是我為何投下那麼多力氣，在成功人士身上尋找人際互動問題的原因，正是因為你爬得愈高，碰到的多半是行為上的問題。

在組織的較高層，所有領導團隊的人都有很好的專業能力。他們很聰明，對於工作各層面的專業都很有一套。例如，你如果是公司的財務長，對於如何處理帳目、讀資產負債表、管帳一定很行。

所以組織上層的行為問題就變得十分重要，其他條件相等的情況下，人際技巧（或缺乏人際技巧）就隨著愈高升而愈顯重要。事實上，就算其他條件不相等的情況下，人際技巧也經常決定了你能爬多高。

你比較想要誰當財務長？一個能力尚可的會計，他對外

關係很好，很會管理聰明的部屬？還是一個會計天才，但對外關係笨拙，和底下的聰明員工格格不入？

這個決定不難吧！有絕佳人際技巧的人選每每勝出，主要原因是他會有能力雇用財會能力更強的人，還能領導他們。會計天才可沒給我們這種保證。

想想我們怎麼看待其他成功的人，我們極少將他們的成功歸因於專業能力或聰明度。我們可能會說：「他們很聰明。」但這不會是歸因他們成功的單一理由。相信他們聰明而且……甚至有時也會覺得他們在專業上也不見得齊備。例如，我們會假定醫師一定懂醫理醫術，所以會用他們「對病人的態度」來評論，他們怎樣回答問題，如何告知不好的病況，甚或是否為讓我們等候太久而說些什麼。這些醫學院裡都沒有教。

我們用這些行為標準來評估任何成功的人，不論是執行長或是水管工程承包商。

我們都有一些有助於找到第一份工作的特長，就是會放上履歷表的那些成就，但隨著我們愈成功，這些特點會淡入背景中，而原本較隱約的特質會出線。

傑克．威爾許（Jack Welch）是個化工博士，但我相信他在奇異公司過去三十年所碰到的問題都和他的化工專業毫不相關。當在競逐執行長一職時，所有可能妨礙到他的都完全是行為議題，他的自以為是、直言不諱、不能容忍愚蠢。在伊利諾大學化工實驗室裡可沒學習這些。奇異電子的董事會不擔心他讓公司獲利的能力，而是想知道他是否可以做得像個執行長。

當被人問到是否我輔導的執行長可以真正改變行為時，我的答案通常是：當在生涯上前進時，行為的改變經常是我們能做的最大改變。

兩個警告

第一個警告：這本書中，當我們一起檢視這麼多沒有人可以免疫的毛病時，不希望讀者以為我所輔導的多是惡人。相反的，他們很好，很傑出，幾乎都是公司排在前百分之二的人物。但是他們可能有被一兩個毛病絆住，而且可能：一、沒有認知到，二、沒有人告訴他，三、知道卻不願改。

記住這點，因為否則有時你會誤以為我都在一些杜鵑窩似的企業工作，裡頭都是精神病、邊緣人和混蛋。看看你的公司，我的客戶和貴公司中最優秀的人無異，事實上，他們和你也都一樣，除了一點：不像大多數的人，他們接受自己的毛病，且立志改進，這個差異可大了。

第二個警告：在檢視這些常見毛病時，你也許會認出自己，「我就是這樣。」你會對自己說：「我老是這樣做，沒有想到我會這樣。」

會認出一部分毛病的機率相當高。

會承認那是個問題的機率就不太高了。

會採取改進行動的機率更小。

而且就算你是超級開明、心胸開闊的人，可以逮出所有毛病，我還是會說，人常會高估自己，你還沒有準備好要改變。

例如，我對自我診斷抱持懷疑態度，正如人會高估自己的優點，也會高估自己的缺點。我們覺得自己真的很糟時，也許只是中等或有點不好而已，給自己評不及格，事實上應該評丙下就夠了。換言之，你覺得是癌症，醫生說那是肌肉拉傷，所以暫且不要自我評估。

更重要的是，既使診斷無誤，例如，你總是愛插話，不確定這是否是別人很不能接受的毛病。對你的同事而言，這可能只是個小缺點，他們可以忍受。所以假設這並不會困擾他人或影響別人的觀感，也不會影響你的前途，你可以輕鬆看待，至少在這點上如此。

我們在第六章〈回饋〉會找出應該要改進的事，但首先，我們仔細說清楚哪些是真正該煩惱的人際互動缺失。

第一個習慣：太愛贏

在成功人士身上，太愛贏輕易出線，這也是我最常觀察到的毛病。具有競爭力很容易變成過度具有競爭力，在重要的時候贏很容易變成沒有人在看時也要贏，而成功人士越線的次數多得驚人。

讓我澄清一下：我不是貶低競爭心，而是說，如果將它用在一些不對的目標時才是問題。

太愛贏是頭號挑戰，因為幾乎其他每一行為問題背後都有它的影子。

假如我們爭辯太多，是因為我們想讓自己的意見出頭(所以和贏有關）。

假如我們犯了貶抑別人的毛病，是將別人踩到底下去的祕密方法。(又來了，要贏）。

假如我們忽視別人，又是贏的問題，好讓他們被看不見。

假如我們壟斷資訊，就是給自己贏過別人的優勢。

假如我們偏心，就是想把別人贏過來成為盟友，站到「我這一邊」，以此類推。我們做的許多惱人的事，多半源自於在任何情況下都想出不必要的頭，想贏。

我們對成功的著迷在每一項作為上都蠢蠢欲動，不是高階主管才如此，當事情有點重要性，我們就想贏，當事情沒那麼重要時，不值得花時間精力在上頭的，我們也想贏。就連事情明明對我們不利時，也還是想贏。

只要你有一點點成就，每天都會犯這個毛病。上班開會時，想要占上風，當和你的另一半爭執時，會拼了命想贏(不論有何意義！)，就連在超市結帳排隊時，也不停左顧右盼，看哪一道動線前進得比較快。

我曾在一個庭院派對中，看到一對父子玩籃球鬥牛，兒子只有九歲。爸爸高他六十公分、重他五十四公斤、加上三十年的經驗，顯然大占優勢。他同時也是父親大人，想和孩子玩一下，也許順便傳授一些球場祕訣給他的小子。剛開始打時，氣氛很愉悅、平和，爸爸讓球給小孩，也讓他可以重來，好讓孩子維持住興趣。但這個歡樂持續了十分鐘以後，這位爸爸的「要贏」基因啟動了，他開始認真追求分數。他審慎防守，雖然還是打打屁，但事實上很得意地用十一比二把兒子打敗。這就是想贏的衝動有多強的展現，雖然這場比賽有夠不重要，甚至會傷害我們所愛的人，但我們還是想贏。

客觀來看，我們很容易反對這個爸爸的行為，覺得自己一定不會這樣神經大條。

是嗎？

假設你想去甲餐廳吃晚餐，你的太太、同伴、朋友想去乙餐廳。你們熱烈地討論了一陣，你提出乙餐廳的風評很差，但最後心不甘情不願地讓步，去了乙餐廳。結果正如你所說的不好，訂位記錄不見了，又枯等了三十分鐘。服務很慢，酒淡菜差。這個慘痛的經驗下來，你有兩個選擇。選擇一：批評這個餐廳，沾沾自喜地提醒同伴他們的選擇有多麼不智，或是假如你的意見被採納的話，就可以避掉這場災難。選擇二：閉嘴吃你的飯，在心裡把這事一筆勾消，好好度過這個晚上。

數年來，我都調查客戶們會採取哪一個選擇。結果很一致，百分之七十五的人都說他們會開口批評。但他們都認為應該選擇哪一個呢？閉嘴就好了。假使我們做一個「投資報酬率分析」，我們普遍會下結論說，和同伴的關係遠比在到哪吃飯這種小爭辯上占上風重要多了，然而……想贏的衝動卻凌駕理智，我們在知道不可為時還是做錯選擇。

還有更糟的。

幾年前，我免費為一個美軍高級將領提供諮商服務，他問道：「你的理想客戶應該是怎樣的？」

我回答：「你的將軍們都很忙，空閒的時間比我還少，所以我們不要浪費時間。我希望輔導聰明、負責、努力、有成就慾、愛國、擇善固執、專業傑出、不能取代、靈巧、能力強、自負、固執、自以為無所不能的人。你覺得你可以幫我找到一個嗎？」

「找到一個？」他大笑，「這個環境中充斥這樣的標的。」

因此，那一年我有這個機會輔導許多將軍們。

在一次集體的訓練課程中，他們的太太也都到場。看這些將軍如何回答這個餐廳問題真的很有趣，有百分之二十五的將軍說他們會做對的選擇，也就是閉嘴，這時，他們的老婆大人們都站起來反對，當場抗議，說他們才不會這樣做。這又可以看出想贏的衝動有多強，就算有人證在場（指他們老婆），明知她們會否決他們的話，很多將軍還是想給一個讓自己看起來比較有面子的答案。

如果想贏的需求是成功DNA裡的主宰，是成功的主要原因，那麼太愛贏就是會限制成功的主要突變基因。

在本書中，我一直不停建議的概念是，假使我們看出這個「毛病」，努力在人際關係中去抑止，就能更成功。

第二個習慣：加值過度

下面這兩個一起吃晚餐的人顯然是同質性很高的：一個是瓊．卡然巴哈（Jon Katzenbach），曾任麥肯錫董事，現在自己主持一家頂尖顧問公司，另外一人是尼科．坎納（Nick Canner），是他很傑出的門徒及事業夥伴。他們正在構思一個新案子，但是他們的交談有點不對勁，每一次尼科丟出一個點子，瓊就插嘴：「這個點子不錯，」他說，「但如果你……會更好。」然後會岔開話題，講述他在幾年前類似情況中怎麼做成的。瓊講完後，尼科會重拾剛才講一半的話，但不到幾秒又被打斷，這種往往返返的情況就像在打溫布頓網球賽。

做為餐桌上的第三人，我觀察且聆聽。身為一個主管教練，我很習慣監測別人的談話，仔細蒐集蛛絲馬跡，好明白為什麼本該很有成就的這些人，會讓他們的上司、同儕和下屬抓狂。

通常我在這種場合會保持緘默，但因為瓊是個朋友，並且表現出典型破壞力十足的聰明人行為，我說了：「瓊，你可不可以先不要說話，讓尼科說完。別再試圖為這段討論加值。」

瓊．卡然巴哈在此淋漓盡致地展現了想贏的另一形式：想要加值。在習慣掌控全局的領導人身上相當常見，他們還保留一些獨裁管理形式的餘毒，習慣指揮每個人怎麼做。這些領導人也很識時務，了解世界已大不相同了，大多數的部屬在特定領域都懂得更多，只是舊習難改。對這些成功人士而言，最難的是要去聽別人告訴他們已知的事，而不去說一、「我早已得知了。」和二、「我知道有個辦法更好。」

這就是加值過度的問題，想像你是一個執行長，我來向你報告一個你覺得很棒的想法，你不是拍拍我的背說：「很棒的主意！」你的渴望（因為必須加值）是去說：「很棒，但是如果你這樣會更好。」

問題是，你可能把我想法的內容改進了百分之五，但是將我執行的意願砍掉一半，因為你已經把我對這個想法的所有權奪走了。我的主意現在變成你的主意，我走進你的辦公室時的熱情在離開時大幅減退，這就是加值造成的惡果。不管我們在所謂更好的主意的實質上有何斬獲，都在我們下屬減低的興趣中蒙受損失。

後來瓊和我談起這個晚餐事件，我們都覺得好笑，做為全球頂尖的打造團隊領域的權威，瓊應該很懂這個道理才是。這就可看出想贏的念頭有多麼惡劣，就算我們明知不可，還是會落入圈套。

不要誤會了，我不是說老闆們都得把嘴巴封起來，以免讓士氣萎靡，然而**你在組織裡爬得愈高，就必須要讓別人贏，而不要事事都只關切自己的輸贏。**

對老闆們而言，這表示要仔細觀察你如何鼓舞別人，如果發現自己會說：「很棒的主意，」接下來就會說「但是」

或「然而」，試著把你的回答剪到「意」這個字後就好了。最好是甚至在開口前，深呼吸一下，問問自己：*你的話值得說嗎？*我一個現任一家大藥廠執行長的客戶，他說，一旦他養成開口前作個深呼吸的習慣後，他明白到至少有一半本來想說的話都不值得說。雖然他一定可以加值，但覺得不要贏的收穫會比較大。

對於必須忍受他們的主管加值慾攻擊的員工，對自己的專業要有信心，而且，除了順從之外，也要堅持自己的立場。

很多年以前，我認識一個舊金山的巧克力商，他接下一筆生意，是要為現在已故的設計師比爾．布拉斯（Bill Blass）做一盒十二個的巧克力樣品。他們設計了十二個不同樣式讓布拉斯審核，因為這些巧克力會出現他的名字，所以他堅持要親自審過。因為怕讓他覺得沒有選擇的空間，他們就摻入了另外一打明顯設計較差的巧克力。但讓巧克力商嚇壞的是，布拉斯進到評選室品嚐時，選的全是次級設計的巧克力，巧克力商沒料到布拉斯會這麼難以引導。然而布拉斯是個很有品味的人，很少有人能忤逆他的意思，而他當然知道自己的喜好，他必須在這個過程中加值。布拉斯離開評選室後，這些巧克力師傅面面相覷，腦中想著同一件事：*我們現在要怎麼辦呢？他全挑錯了。*

最後，這家已傳承七代的悠久字號的老闆說：「我們是巧克力專家，他不是，就做我們喜歡的，他永遠也不會知道差別在哪。」

漂亮！

第三個習慣：打分數

在電影《愛你在心眼難開》（*Something's Gotta Give*）中有一幕傑克．尼克遜（Jack Nickson）和黛安．基頓（Diane Keaton）的對手戲很可愛。黛安．基頓飾演一名五十多歲、離婚的成功劇作家，而傑克．尼克遜則是一名六十多歲的大亨，出了名的花花公子，碰巧在和她的女兒交往。尼克遜因突發輕微的心臟病，必須休養，不得不在基頓豪華的度假屋住了幾晚。他和基頓起初互相厭惡，但戰火後來漸漸冷卻下來。某個深夜，他們在基頓的廚房裡有一場調情的對話，當時她正在準備宵夜。

基頓說：「我無法想像你怎麼看我。」

尼克遜問：「你曾經懷念過有婚姻的時候嗎？」

「有時候會，」她說，「有，晚上。但現在比較不會了。」

談話的內容有時跳到他們要吃的東西上，但是基頓，有點明顯想得到答案的意圖，又把話題拉回來。

「我們當中是否有人方才說了個有趣的事？」她若有所指地說。

「你說你無法想像我怎麼看你。」

「你不一定要回答。」她說。

「好。」他同意。

「但是如果你有看法，我會很好奇想知道。」基頓說。

「你可不可以先告訴我，為什麼你只有在晚上懷念有婚姻的生活？」尼克遜問。

「喔，電話晚上比較不會響，晚上會覺得自己是一個人。費了一點力氣才習慣一個人睡，不過現在我有竅門，我必須睡在床的正中央，如果另一邊沒睡人的話，只睡一邊是非常不健康的。」她說。

受了她的回答鼓舞，尼克遜說：「現在我確定了我對你的看法是正確的。你是別人的精神支柱。」

「呸！」基頓的反應。

「試著不要幫我的答案打分數。」尼克遜說。

我知道這只是部愛情喜劇片，但這情景真是傳神，就算是在最浪漫、親密的時刻裡，當別人想給我們最精確（最有幫助）的描述時，我們很自然地會去打分數。我們本能地將他們所說的打分數，去和我們期待他們講出的更悅耳或深刻的見解比較，或是和我們對自身的看法、或是聽過別人對同一件事的評論相比。

在有來有往的公事討論上，提出看法並沒有錯，你希望別人可以自由地同意或反對。

但當我們特地要別人表達對我們的看法時，打分數就不合宜了。如果是別人徵求我的意見，又要對我的建議打分數時，我的第一個反應就是：「是誰過逝了？要你來當蓋棺論定的總評審？」

就連你問了個問題，同意別人的回答時也是如此。別人也許有意也許無意，但會記住你同意了，當下次你不同意時，他們記得一清二楚，這個對比會自己說話，這人會想說：「我哪裡說錯了？幹嘛惹這個麻煩？」

這就像一個執行長在會議上徵詢對一個問題的建議，然後對一個下屬說：「很棒的主意。」然後告訴另一個下屬說：「這個主意還不錯。」然後對第三個人提的意見不發一語。第一個因為有了執行長的肯定，可能興奮不已，第二個人稍微沒那麼開心，第三個人則既沒被鼓舞也不開心。但你可以確定兩件事：第一、在會議室裡的每一個人都記住了執行長打的分數，第二、不論執行長的評價有多善意，幫別人的答案打分數的純益就是讓別人更躊躇不前、更想自我辯護，倒不如接受意見而不要打任何分數來得好。

沒有人喜歡受評斷，不論如何婉轉都一樣，這就是為何幫別人打分數是不知不覺把別人從身邊推開的方法，也讓我們無法更成功。對別人的幫忙打分數的明確結果就是，他們再也不會幫助我們。

我們如何能不再對別人打分數，尤其是在別人真心想幫忙時？

在我的工作中最詭異的處境，就是客戶很關切我同不同意他們的行為，以及我認不認可他們改進的幅度。

我立刻要他們省略這個念頭。

我告訴他們，在任何要達到長期效果的事情中，我們有一個選擇，我們可以用一種贊同的眼光、反對的眼光、或純粹中立的眼光來看待。正面使命、負面使命或中立使命。

我向他們保證我是持中立使命，不去管贊同或反對，不打分數。我的任務不是要根據你選擇要改變甲習慣而不是乙習慣，而來評估你是好人或壞人。

就像是醫生對待病人一樣，如果你一條腿斷了，進到診療室，醫生不會因為你如何弄斷腿來評斷你，因為犯罪、踢狗、跌下樓梯或被車撞以致受傷都不是他要關心的重點，他只在乎如何治好你的腿。

你必須要秉持相同的態度，要以醫生這種中立使命的態度，來和協助你的人打交道。我在此不是光指要協助你改變的人，而是，你從同事、朋友、家人那聽到任何有助益的評語時，都不可以打分數。不論你心裡怎麼看待這個意見，你的想法要密而不宣，仔細聽對方說，然後說：「謝謝你。」

試試這樣：一整個禮拜，對你從別人那聽到的任何想法，保持中立反應，把自己想成人類世界中的瑞士，不要選邊站，不要表達意見，不要為評論打分數。如果你發現自己無法光說完「謝謝你」就住嘴，那就說些無傷大雅的：「謝了，我沒有想到這一點。」或是：「謝謝，我應該要仔細考慮你說的這點。」

一個禮拜後，我保證你會大幅減少在工作及家中無意義的爭論。如果持續數週，至少有三件好事會發生。

首先，你不用費力去構思這種中立回答；它們會自然產生，就像別人打了個噴嚏，你會說：「多保重。」那樣容易。

再者，你會大幅減少陷入爭論的時間。當不對一個想法打分數時，沒有人能和你爭辯。

第三，別人會逐漸把你當成一個比較投契的人，就算你事實上並沒有同意他們什麼，經常這樣做，別人最後會把你列為受歡迎的人物。別人一有意見時就會想到來敲你的門，把你當成一個可以把偶獲的想法丟到你身上的人，而不怕會以口水戰告結。

如果你無法自我監測自身打分數的行徑，「雇」一個朋友在你每回打分數時提醒你，並且罰你錢。在家裡，請另一半幫忙，在公司則請助理或好同事協助。如果每次無端幫別人打分數會讓你損失三百元，你很快就會感受到你加諸在別人身上的痛苦，然後改正。

第四個習慣：惡言批評

惡言批評是指我們每天脫口而出的譏諷，不管有意或無意，唯一的用途就是貶低別人，傷害他人，彷彿在彰顯我們比較優越。這和加值過度不同，因為除了痛苦之外，沒有增加任何東西。

這種批評的範圍很廣，小至在會議中戳一下別人（「這樣不太聰明吧！」），到無端評論別人的穿著（「領帶很帥哦！」，然後嘻嘻作笑），甚至鉅細靡遺地鋪陳及批判別人以往的表現，除了你以外別人早忘記了（「你還記得你上回……」）。

要求一個人將他過去二十四小時內所作的惡言批評列個清單，常常會一件也列不出來，我們在作惡言批評時常常是想都不想的，因此既沒注意到，事後也不會記得。但是被我們虐待的對象可不然，要他們回答，他們可以精確記憶每一句我們批評過的辛辣言語，這是有統計根據的。我所蒐集到的調查資料說明，「不作惡言批評」是我們看自己和別人看我們相關性最低的兩個項目之一。換言之，我們覺得自己沒有惡言批評，但認識我們的人不同意。

有一個客戶告訴我在他四十歲生日時發生的事。他的同事和朋友舉辦一個「拷問」遊戲，當晚的主題是要每一個與會者說一個他曾經對他們作過的尖酸批評，有趣的事要發生了。他們重述壽星曾經取笑他們的話來取笑他，真是一個嘈雜又歇斯底里的晚上。

「重點是，」我的客戶說，「我當晚聽到的數十個嘲諷批評，我都不記得自己曾經說過。那些話實在太不顧慮別人的感受了，而且，我的朋友們都沒有跟我計較這個，他們也許會形容這是『惡言』批評，但在我的朋友群中，都不會具有任何破壞力，因為他們認為那就是我，所以不是問題。」

他說的沒錯，那不是問題。這是惡言批評另一個有趣的特點，我們覺得它很普遍，但是我的客戶中只有百分之十五的人有這個問題，但這不表示其他百分之八十五的人沒有犯這種毛病。我們每天都在犯這個毛病，不過只有百分之十五的人達到讓同事抓狂的程度。

你需要確認的是，你是否在這百分之十五裡面。

那就是問題真正難解的開始，因為一旦話從嘴裡冒出來，傷害已造成，而且沒辦法重來，也收不回來。不論你多麼努力道歉，就算別人原諒了你，但批評還是在記憶裡縈繞不去。

我有個客戶在下班時和他的助理閒聊到眼睛的顏色。（偏偏要聊到這個！）

「你的眼睛是什麼顏色的？」他問，瞇起眼看著她的眼睛。

「藍色的，你看不出來是藍色的嗎？」她說。

「哦，不像真正的藍色。」他說。

「當然是，」她很堅持，「是很亮的藍色。」

「我這樣說好了，」他不屑地說，「如果你的眼睛是鑽石，就是一般珠寶連鎖店芮爾斯（Zales）裡賣的那種，不是頂級精品海瑞溫斯頓（Harry Winston）的那種。」

她顯然完全被這種殘忍又無意義的話戳垮了。

這個情節的後續發展很值得借鏡。講了這句話沒多久，我客戶就將之拋諸腦後，但他的助理可不然。雖然這句話是攻擊她的，她將這場對話拿來告訴她所有的朋友，藉此證明她的頂頭上司是個混蛋。我在蒐集有關他老闆的資料時，她也對我重述了一遍，她很明白地說，雖然她喜歡替她的上司工作，但很討厭他這種隨口批評的習慣。

我們要如何停止惡言批評呢？我在幾年前也有這種問題。我當時經營一個十多名員工的小型顧問公司，身為一個蒐集回饋的專家，很自然的先拿自己做實驗。我讓員工進行對我的三百六十度回饋，結果發現我在「不作惡言批評」這一項落居倒數的百分之八，也就是世界上有百分之九十二的人在這個項目上表現得比我好。我自己出的考卷考不及格。

講得更明確一點（我可沒有一點驕傲的感覺），我的問題不是我直接在當事人面前作惡言批評，我是在背後說。作為一個經理人，這會是一個問題，在一個每個人都諄諄告誡彼此要注重團隊價值、互相支援的環境中，當我在同事背後捅他們一刀時，團隊作業的品質和合作會受到何種打擊？應該不會向上提升吧！而我一定是想要讓公司走向成功的。

所以我告訴員工，說：「我對自己大部分的回饋資料感到滿意，但有一點我想要改進：不再作惡言批評。如果你有再聽到我對別人作出惡意批評，每次你提醒我時，我會付你三百元，我一定要打破這個習慣。」

然後我就開啟了溫情喊話，鼓勵他們要誠實而且努力來「幫助」我，結果發現根本多此一舉。事實上，他們會來陷害我，讓我說出負面批評，因為他們可以賺三百元。他們會故意提起一些保證會挑動我怒火的人名，而我每次都上勾。他們提到一個名叫麥克士的同事，我會說：「你相信他有博士學位嗎？他每次都不知道在講什麼。」三百元，一個客戶打來電話，我批評：「他是個小氣鬼。」三百元，才快到中午，我的現金水位降低一千五百元。我把自己關在辦公室裡，那一天剩下的時間裡，拒絕再和任何人講一句話。當然，躲起來是可以避開考驗，但無助於改進。但是金錢損失幫我往正確的道路上走。第二天，只被罰九百元，第三天，三百元，這項政策在我的公司施行了幾個禮拜。我是花了一些銀兩，但最後我的分數達到前百分之四，我不再作惡言批評，至少那已經不算是個困擾了。

我的經驗說明了一個很簡單的事：花個幾萬塊，你會變得更好！

惡言批評是個很容易養成的習慣，尤其是對習慣用坦誠作為有效管理工具的人而言。問題是，坦誠很容變成武器，人允許自己藉由「事實就是如此」這頂大帽子，讓自己可以暢言尖銳的批評。事實上，**批評內容的真實與否一點都不重要，問題不是：「這是真的嗎？」而是：「這樣值得嗎？」**

你必須明白的是，我們每天都花了很多時間在過濾自己的老實說，我不是單指無傷大雅的小謊（例如，讚美別人其實有點醜的新髮型），那是用來潤滑我們每日例行的互動儀式。在生死攸關的事情上，我們直覺就會避開惡言批評，我們知道誠實和完全坦白之間的差別。我們可能會覺得老闆是隻豬，但我們沒有道德上的義務要說出來，不論是當著老闆的面或相關的人面前。

你不要只將這種求生本能運用在向上互動裡，向左向右，向下都要這樣才好。

巴菲特曾經敬告大家，你在採取有點道德爭議的行動前，先要問問自己：你介不介意你老媽在報紙上讀到這條新聞？

你也可以如法炮製，幫你不再作惡言批評，在開口前，問問你自己：

- 這個評論有幫助到我的客戶嗎？
- 這個評論有幫助到我的公司嗎？
- 這個評論有幫助到我正在談話的對象嗎？
- 這個評論有幫助到我提到的對象嗎？

如果答案是否定的，不需要拿個博士學位才能做出最佳決策。千萬別說。

第五個習慣：用「不是」、「但是」或「然而」開頭說話

幾年前，一家製造公司的執行長聘請我來輔導他的營運長。這個營運長很有才華，但固執又意見多多。

我第一次和他碰面，一起看他下屬的回饋時，他的反應是：「但是馬歇爾，我不是那樣。」

「這次不算，」我說，「下次我再聽到『不是』、『但是』或『然而』時，你得給我六百元。」

「但是，」他回答，「那樣沒……」

「六百元了。」

「不是，我沒有……」他反駁。

「一千二了。」

「不是，不是，不是，」他抗議。

「一千八、二千四、三千元。」我說。

一個小時內，他的口袋裡少了一萬兩千六百元。再過兩個小時之後他終於醒悟了，說：「謝謝你。」

一年之後，我知道這個營運長是改進不少，當公司裡的一名女同仁為高層進行一場簡報，題目是為什麼這家公司很少有女性進入高層（這個議題總是很具爆炸性，也最令男士們跳腳並起身自己辯護）。聽完她的立論時，執行長說：「你提了一些很有意思的觀點，但是……」

這時營運長站起身來，打斷他老闆的話說：「很抱歉，我想正確的回應應該是『謝謝你』。」

執行長瞪著他，然後笑了並說：「沒錯，謝謝你。」他回頭看這名女同仁，並請她繼續報告。

你用「不是」、「但是」、「然而」等來開始一個句子時，不論你的語調有多可親，也不論你丟入多少俏皮緩頰的句子來保護對方的情感，傳達給對方的訊息仍舊是你錯了。它不是在表達：「我有不同的看法。」它不是在表達：「也許你得到的訊息有誤。」它不是在表達：「我不同意你。」它是赤裸裸地明確表達了：「你說的是錯的，而我說的才是正確的。」這之後不可能有什麼有建設性的事會發生，對方通常會產生的反應（除非他是個可以把另一邊臉轉過來給你吐痰的聖人），就是不同意你的觀點，然後爭辯回來。然後呢，這場談話變成一場無意義的戰爭，你們不是在溝通，你們兩方都在想打贏。

我們同事和友人的競爭性格中可能並沒有摻雜進太多廉價的、一定要成、簡單、保證百分百正確的因子，但是接下來這個小小的家庭作業可以看出端倪。連續一週的時間，監測你的同事用「不是」、「但是」、「然而」的情形，作一個計分，看看每一個人有多少次用這些作句子的開頭。

至少，你會驚訝地發現，這些字眼有多常出現。

如果你再稍微挖掘深一點，就會看到有些模式浮現出來。你會看到大家如何加諸這些字眼在他人身上，好去獲取和鞏固權力，你也可以看出來大家有多麼討厭這些，不論有無意識到，也可以看出，**這些字眼不但不能讓討論更坦誠，反而扼殺真正的對話。**

我現在用直覺就能監測客戶在用「不是」、「但是」、「然而」，就像樂團指揮可以聽出樂手們演奏得出色或平凡。想都不用想，就會去數他們用到的次數，因為這種指標很重要，所以我開啟自動導航。如果和客戶第一次碰面就發現這個數字偏高，通常會打斷他，說：「我們談了四十分鐘了，有沒有意識到，你有十七句回答裡都是用『不是』、『但是』或『然而』來起頭？」

客戶通常從未注意到這點，這就是更認真談論改變行為的時候了。

如果這是你面對的挑戰，你可以像我教客戶的這樣做。

停止為自己的立場辯護，開始監測自己在開始評論時，用了多少次「不是」、「但是」、「然而」，特別要注意你用這些字眼時，那些句子的目的是假裝要同意別人講的話。例如，「話是沒錯，然而……」（意思是：你一點都不覺得沒錯），或是蠻常見的開場：「是的，但是……」（意思是：等著我來反駁你吧）。

如同大多數要停止惱人行為的練習一樣，除了自我監測外，最便捷的方法是用錢來解決，就照我對待這家製造商營運長的方式，請一個朋友或同事在你每次說「不是」、「但是」、「然而」時來執行罰款。

一旦你明白了自己一直以來犯了什麼錯，也許你會開始改變你「贏」的方法。（我是想反諷一下啦！）

也就是說，這仍是個要克服的問題。

幾年前，我在一家電信業的總部教一堂課，班上有一個人在我提到「不是」、「但是」、「然而」的問題時很不屑，他覺得不要用這些字眼那還不容易。他這樣有把握，所以提出三千元作為每次的罰金。我在午休時坐到他身邊，我問他是哪裡人，他回答新加坡。

「新加坡？」我說，「很棒的城市！」

「是啊，」他回答，「是很棒啦，不過……」

他發現自己講錯了，就伸到口袋掏錢，說：「我要罰三千元，對嗎？」

這就是這種想要對的念頭有多強的證明。「不是」、「但是」、「然而」潛入我們的對話中，就算那是無關緊要的討論，就算我們極度注意自己的用字，就算罰金高達三千元。

第六個習慣：告訴全世界我多聰明

這是我們想贏的另一種變化型。我們想贏得別人讚賞，我們必須讓他們知道，我們就算沒有比他們聰明的話，也至少和他們一樣聰明，我們必須是這個場子裡最聰明的人。這個通常會適得其反。

很多人隨時都在不知不覺地、遮遮掩掩地這樣做。

有人提供給我們一些有用的建議時，我們這樣做；或是別人在說話時，我們不耐煩地點頭；或是我們聽到耳目一新的想法時，身體語言卻表達相反的舉動。（我是不是聽到你的手指在敲桌子？）

我們會更明顯地進行這個行為，就是想告訴別人：「我已經知道這件事了。」

另幾種版本有，比較溫和禮貌的：「我想有人告訴過我了。」比較尖銳的：「我不需要聽到這個。」到極為傲慢的：「我知道的比你還多。」這裡的問題不是我們在自誇自己知道多少，這樣是在侮辱別人。

我們真正傳達的訊息是：「你真的不需要浪費我的時間告

訴我這些，你覺得這是我還不知道的偉大見解，我同意它是個好見解，我完全知道你說的內容。你看錯我了，像我這麼有智慧又受歡迎的人，不是你以為的那個需要現在聽你說這些的人。我不是那個人，你搞錯了，你不知道我有多聰明。」

想像一下，如果有人真的當你的面說這些，你不會把他看成是個天字第一號大混蛋？但這就是當你在說：「我已經知道這些了」時，別人所聽到（也想到）的。

這個吊詭是，我們想要表現自己有多聰明的需求，極少達成預期的目的。

有一個朋友去和一名心理學教授面談，要應徵一個研究助理的工作。這名教授正在寫一本有關天才和創意的書。在面談的過程中，主題一度聊到偉大的天才們，尤其是莫札特。教授吹噓他已經讀遍現存有關莫札特所有的文獻記載，這就是典型的學術人士，他們對自己的才智過度自負，從不輕易放過任何一個可以告訴全世界他有多聰明的機會。但這教授多跨了一步，為了要證明他豐富的知識，他要我的朋友隨便問他任何一個關於莫札特的問題。

朋友猶豫了一下，有點錯愕工作面談會搞成這樣，但值此同時，他也累了。真是命運的安排，古典音樂和歌劇恰好是他的愛好，事實上，他比一般人更熟悉莫札特。

「問啊，」教授說，「不要不好意思嘛，我有把握。」

朋友再度推辭，雖然他腦子裡已經在構思可以問的問題。莫札特在哪裡出生？哪一年過逝？他姊姊叫什麼名字？

(都太簡單了。)

「讓我高興一下,」教授堅持,「當然啦,除非你問不出問題。」

這句話像是當面給了我朋友一巴掌,刺到他了。

「好吧,」他說,「列出十三齣莫札特的歌劇。」

對一個自詡是莫札特專家的人而言,要列出十三齣他的歌劇(莫札特至少作過二十齣)應該是輕而易舉的事,就像問一個專門研究領袖的歷史學家要說出所有副總統的名字一樣。但完了,這個教授只能說出九齣。

這下尷尬了,我的朋友既覺不妙卻又有點勝利的驕傲。房間裡是有個聰明的傢伙,但顯然不是原先在吹牛的那一個。

我們還是可以給這個教授一點讚美,他沒有因此報復我的朋友,還是當場應允了這個工作機會。

也可以給我朋友一點讚美,他婉拒了。

愛現讓人精神抖擻起來,但宣布你自己很聰明則讓人倒胃口。

那麼,你要如何修飾必須要告訴全世界你有多聰明的渴求呢?

第一步就是要辨認出自己的行為。你有曾經這樣做過嗎?

你的助理匆忙跑進你的辦公室,給你一個你最好馬上緊急處理的文件,但是他不知你已經在幾分鐘前,由另一位同事那聽說了這個狀況,你會怎麼做?你會接下這份文件然後說謝謝,不去提你已經曉得這件事了?或是你一定用些方法，讓你的助理知道這件事你已知情？

在我的經驗中，這種看似無關緊要的時刻正是一種石蕊測試，看我們想告訴別人我們多聰明的需求是否過強。

如果你放這種時候過去，只是簡單說「謝謝你」，那你沒有問題。

但是如果你像大多數的人一樣，就不會這樣輕易住手，你會找到一個方式，宣布你比你的助理更早知道狀況。表達方式很多，也許只是簡單說：「我已經知道了。」或是不屑地說：「你幹嘛用這來煩我？」不論何者，傷害都會造成。

你是在暗指助理只是在浪費你的時間，你的助理搞錯了，怎麼會以為你是一個跟不上所有重要緊急消息的人呢，他實在搞不清楚你真的有多聰明。

要終止這種行徑並不難，做這個三段式練習，你要：一、在張開尊口前問問自己：「我要說的話有價值嗎？」，二、如果確定沒有價值，然後三、說：「謝謝你。」

如果你能在一些小事上、在與自己工作密切，也似乎對你瞭若指掌的人面前讓自己住口；換言之，在不會有任何風險的情況下，你還不會去現一現的話，你已經有不要告訴全世界你有多聰明的技能了。畢竟，你若能在自己居上風又最放鬆的時刻也可以制止這種衝動，你在不是站在這麼有利及舒適的處境時，一定也能夠三思。想想看，如果總經理走進你的辦公室來告訴你同樣的訊息，你還會用同樣藐視的態度說「我早就知道了」？

第七個習慣：生氣時發言

我想用怒氣作為一種管理工具應該有其價值，可以讓上班時打瞌睡的員工清醒，會加速每個人的新陳代謝，也傳達了一個清晰的訊息：你很在乎，員工有時也該聽一聽啦，不過，代價是什麼？

情緒爆發不是最可靠的領導工具，你一生氣，經常就會失控，失控就很難領導別人。你也許會想，你其實是可以掌控脾氣的，可以用突發的怒氣來撼動及激勵員工。但別人對怒火的反應是很難預料的，可能會洩氣也可能會振作。

每當我聽到經理人辯稱生氣為一種管理工具時，我就在想，其他那些不需要生氣的領導人物要怎樣讓下屬聽命。不使用怒氣在團隊裡製造恐懼，那些情緒穩定的領袖如何有辦法達成任何任務？

生氣糟的是會扼殺我們改變的能力，你一旦被封上脾氣火爆的名聲，就會烙印一輩子。很快地，全部的人都會這樣看你。例如，棒球教練鮑伯．耐特（Bob Knight）在印第安那大學任職時贏了三次全大學聯盟（NCAA），而且是大學籃球史上八百勝以上的唯二教練之一，但他另外的輝煌紀錄是和裁判大吵、把椅子摔到球場上的次數，這種名聲淹沒他的功績。人們一想到鮑伯．耐特，第一個進到腦海的是他的火爆脾氣，而不是他的戰績。

在職場上也是這樣，那些發怒成習的同事都在我們心中占據了一個特別的位置，不論他們其他還有什麼表現，我們都會把他們標記為易激動分子。我們提到這些人時，第一句脫口而出的就是：「我聽說他的脾氣不太好。」

這種根深蒂固的印象很難去除，想想看這個事實，我們改變的努力不是由自己，而是由周遭的人所評斷，你可能要冷靜下來很多年，累積的好言行才足夠擺脫這種名聲。

那要怎麼停止生氣？

我沒有標準答案。控制脾氣不是這本書的主題，我猜我沒法子讓你消除對人生的不公和愚蠢的憤恨，但我可以幫你看到：一、你也許不是生所謂的「那個人」的氣，而且二、要擺脫愛生氣的名聲，有個超級簡易的方法。

關於第一點，當我的工作上需要處理怒意問題時，幾乎清一色都是一對一的不高興，也就是有另外一個人勾起這個怒火。我的任務就是讓客戶看清，怒氣常常不是別人的錯所造成，那完全是源於我們自身的缺陷。

有一個佛門公案是這樣：一個年輕的農夫，揮汗划著他的小船要逆流而上，當時他正要把農作物送給上游的人家。路很趕，天很熱，他想趕快送完，好在天黑前回家。當他往前一看，瞄到另一艘船飛快地順流而下，朝他的船衝了過來，這艘船似乎想盡辦法要撞他，他死命地想要讓路，不過很難。

他對另一艘船吼：「轉個向吧，你這條豬！你要撞到我了，河寬得很，小心點！」他的怒吼顯然無效，另一艘船砰一聲撞上了，他氣急了，站起來狂飆：「你這條豬！這麼寬的河你都能把我撞上？你到底有什麼病！」

當他看到船上，才明白那船上沒人，他對著一艘空船吼了半天，那艘船是脫了繫纜，從上游順流漂下來的。

這個教訓很簡單，另外一艘船上從來都沒有人，當我們生氣時，都是對著空船在發火。

所有的人都會碰到一些難以忍受的人，讓我們抓狂的人，我們會花無數的時間反覆咀嚼那個人讓我不快的事情，不公平、不懂感激、或不為我設想，甚至一想起這個人就會血壓飆高。

不消說，和這樣的人往來時，最好的方法就是不要讓他激怒我，生氣無濟於事，人生苦短，不該浪費在不好的情緒上。聖哲會說，讓我們這麼討厭的人，他會如此也是不由自主，氣他是這樣的人和責備桌子是桌子一樣沒意義。如果我有他的父母、基因、成長背景，就會和他一模一樣。說比做容易，但這樣比較接近問題的核心：通常的情況是，我們倒不如是他，因為我們真正生氣的對象是自己。

至於第二點，我可以幫你擺脫愛生氣的名聲，這個忠告很簡單，就是：如果你不要張開嘴巴，沒有人會得知你眞正的感覺。

這個要求很多，我知道。你必須克制自然的衝動，強忍不說，不過一旦你體會到什麼都不說的好處時，你就可能會更好。如果你不講話，就無法把自己變成傻瓜；也無法把別人變成敵人。

我學會這個教訓是在幾年前，我有一整個星期的時間待在法國梅村的一個小禪修道場中，我們的指導是越南僧人一行禪師。每一天，一行禪師都鼓勵我們針對一些不同的主題打坐，有一天的主題是生氣，他叫我們去回想在過往中曾生氣失控的時刻，然後他要我們思考，我們這個不太高明的行為該由誰負責。

我想起女兒凱莉的青少年期。一天她回家時，戴著一個又大又鮮豔的肚臍環，這些在青少年間是司空見慣，通常還會在自身伸手無法觸及的地方刺個青。如果別人看不到，肚臍環就白掛了，所以凱莉也買了一件大膽的緊身暴露衣著，好凸顯肚臍環（以及幾乎全部的肚皮）。

女兒身上的一個肚臍飾品是可以真正測試為人父的容忍度和慈愛的好試卷，但我猜對我來說，又更複雜一點。事實上，我變成一個大吼大罵版的發飆父親。

在禪修道場的安靜閉關，我打坐時冥想這個事件，我不由得懷疑：「我那時到底在想什麼？」我理解到我的第一個反應是，別人看到我女兒時會想：「真是個俗不可耐的小孩！誰家的啊？」

第二個念頭更糟，萬一被我的朋友看到，他們會想：「我不敢相信馬歇爾竟敢放任他的女兒穿成這樣遊街。」

這件事裡我到底在關心誰？是她的肚臍環，還是我的自尊心？

假如我可以重來，我還是會建議她拿掉肚臍環（在法國放鬆一週是有幫助，但幫助沒有那麼大！），總之，我會停止發怒，不讓自己變成傻瓜，但也許像個精神分裂的人在心裡暗罵。但是如果我不在生氣時說話，沒有人會察覺。

下一次你要開罵時，對著鏡子，每一回，你都會發現，你的憤怒之源不在「外頭」，而是在「裡頭」。

第八個習慣：否定，或是「讓我告訴你為何這個行不通」

在職場上我們都認識一些負面人物，我太太稱之為「負電子」，那些人天生就沒有能力對你的任何提議說一些正面的評語或讚美。否定就是他們預設的反應，你可帶著癌症的解藥到他們的辦公室裡，但他們冒出的第一句話會是：「讓我告訴你為何這個行不通。」

在我的經驗中，這個就是否定型人物洩底的用語，我將它列為一個犯眾怒的行為是因為，這是一個標誌，標示了就算別人沒來問，我們也需要分享自己的負面思考。

「讓我告訴你為何這個行不通」和加值太多不太一樣，因為沒有增加任何價值。

它也不像過度使用「不是」、「但是」、「然而」，因為並沒有用同意的面具遮掩否定的意旨。

和幫別人的想法打分數也不一樣，因為並沒有在分級數或作任何比較，並沒有說事情是好、更好、最好。

和口出惡言批評顯然也不同，因為並沒有過度尖酸。

「讓我告訴你為何這個行不通」很獨特，它是在想要協助別人的偽裝下，純然絕對的否定。

我們使用這個（另外的變型可能是「唯一的問題是……」）來建立自己的內行和權威感，好顯得比別人優越。這不在於我們說的對不對、有沒有用，這只是一種手段，好把自己擠入一個作為裁判長或總評審的情勢。唯一的問題是（我的用法不一樣哦！）我們有多討厭、多鄙夷批評我們的人，他們很惹人厭，而且長期下來，我們會把他們看成流感病毒一樣，敬而遠之，不願和他們共事，不肯幫助他們。

我曾經認識一個叫泰莉的女士，她在紐約經營一家演講顧問公司。每年她會請我作兩三場企業講座，我的講題多半和領導力及協助他人改變相關。每一場演講完，聽眾席中總是會有一兩個人走到台前，和我交換名片，並邀請我到他們所屬的團體演講。顯然是因為他們認為其他人可能也會想聽我講述的內容。

我想我雖有能力處理前去演講的瑣事，但是因為邀請是在泰莉幫我籌辦的活動期間發生，我覺得有義務要把案子轉給她。應該請她幫我談價錢，然後她可以賺取佣金，所以會後我都立刻致電給她。

她會問我演講的狀況好壞，主辦單位高不高興這類的事。

我會說：「蠻好的，事實上，有幾個人希望我去他們那演講。」

然後，我會從名片上唸一些聯絡的資料，讓她可以去做後續聯繫。

毫無例外的，泰莉的第一個回答總是「讓我告訴你為何這個行不通」的各種版本。

這家公司是出了名的摳，所以他們付不起我的價錢。（訊息：我收費太昂貴了。）

這家企業的員工都是土包子，他們不適合聽我的課，或是太無知了會「聽不懂」。（訊息：我太曲高和寡。）

這家公司會拼命占用我的時間；他們會要我留下來一整天，甚至邀我吃晚餐，讓我得在那個城市多住一晚。（訊息：我會超時工作。）

當泰莉這樣回答時，我會把話筒拉開，瞪著它，簡直不知道該怎麼形容。我在這要讓她賺順手財，她在那想盡辦法用一些不是理由的理由澆我冷水，也許她自認是要保護我，避開一些「爛生意」，但她一直試著向我證明，她對她這門生意懂得比我多得多的同時，她只是證明了她一點都不了解我。我沒有對客戶超收費用；我的演講內容婦孺皆解；而我也不怕工作，如果客戶希望我留在那一整天，我當它是個讚美，而不是占我的便宜。

這讓我猶豫是否該讓泰莉來「引介」我給別人。

末了，我醒悟了，就算我轉給泰莉的是有人邀請我當奧斯卡金像獎的主持人，她還是有辦法找到否決這個機會的理由，我停止了和她合作。

如果負面是你的缺點，我的第一個忠告是，監測當別人給你好建議時，你的陳述內容是什麼。如果你已經把書看到這了，你已清楚我真的相信，注意我們的說話內容是很有用的指標，可以了解我們在哪裡得罪別人。如果你抓到自己常在說：「讓我告訴你為何這個行不通。」那麼，你知道哪裡需要修正。

但是在這個例子中，更明顯的線索是去做一個清單，看看你的同事怎麼對待你。

你沒有開口問時，他們有多常來告訴你一些有用的建議？

他們有多常來敲你辦公室的門，坐下來和你閒聊，或是告訴你一些可能與你相關的風向球？

和別的同事比起來，你的門庭若市嗎？你是個熱門商品，還是放在架上布滿塵埃？如果你感覺到你的辦公室門上掛著無形的「請勿進入」牌子，你已經對於必須改進之處變聰明一點了。

碰到這種負面否定的問題時，我傾向用這種觀察式的回饋，而不僅止於說話模式的監測，發現自己的說話內容不足以看出別人對你的觀感。你也許是負面了點，但也許同事還能忍受。從別人如何和你互動，可以看出問題嚴不嚴重，當別人在意時就是個問題。

第九個習慣：壟斷訊息

在知識工作的時代，知識就是力量這個陳腔濫調卻奇真無比，這使得壟斷訊息的行為令人憤怒至極。

刻意壟斷訊息恰好和過度加值相反，我們在減掉價值，但目的卻是一致：為了獲得權力，一樣是為了想贏，只是手段更惡劣。除了拉近我們手上的牌防止別人瞄到外，還有很多不同形式。你在一些過度強調保密為美德的人身上看到，他們將它用作一個藉口，好讓資訊不流經你身上。你可以在每回答一個問題時問一個問題的人身上看到，他們相信，透露任何事都讓他們更居下風。你可以在被動攻擊型的人身上看到，他不會回你電話或電子郵件，或是對你的問題只願回答一部分。

如果你不了解為什麼這樣惹人厭，回想一下在下列這些狀況中，你會有什麼感覺。

- 別人沒通知你有一個會議。
- 電子郵件的副本沒有傳給你。
- 你是最後一個得知某事的人。

不論原因為何，不分享訊息的問題是，它很少達到預期效果。你也許以為你因此占了優勢、鞏固了權力，但你的信用在失血。為了擁有權力，你必須要激發的是忠誠，而非恐懼或懷疑。壟斷訊息只不過是一種不合時宜的想贏念頭。

我在這裡描述的並非是心懷不軌刻意拒絕分享訊息，那種人在想分化別人來求勝時使用的技倆，我懷疑我有本事或耐心去改造馬基維利式的權謀行為。

我比較想在此解決的是那些我們都會無意或偶然產生的訊息壟斷行為。

我們因為太忙碌，以致於忘了回覆別人有價值的資訊。

我們真的忘了在討論或會議中邀請某人參加。

我們派一個任務給下屬，但是沒有花時間告訴他們，我們期待如何完成這個任務。

我的一個鄰居叫他十幾歲的兒子洗他的凌志休旅車，他兒子拉出水管，裝桶肥皂水，然後用菜瓜布洗。問題是，這塊菜瓜布是兩面的那種，一面粗，一面軟。在他爸爸出來檢查成果以前，兒子已經把凌志光亮的烤漆磨掉大半，原本閃閃發光的表面已經成了冰上曲棍球賽後的溜冰場地面。父親光火了，他的凌志毀了，他兒子怎麼會這麼白痴？

「你難道連洗車這麼簡單的事也不會？」他咆哮。

但當我的鄰居想清楚後（當他看到他的兒子又困窘又沮喪的樣子），他說了比較聰明的話：「兒子啊，我不氣你，我是氣自己，因為我應該告訴你如何正確地洗車。我從來沒有教過你洗車，這是我的錯。」

不論先前在這家人的車道上盤旋著什麼樣的緊張氣氛，當我鄰居理解到他在孩子的基本教育上漏掉了一些重要訊息時，馬上就煙消雲散了。他兒子鬆了一口氣，爸爸不再生氣，對他的兒子或這輛凌志悲慘的遭遇都釋懷了。這家人現在只要看到菜瓜布就會拿來當玩笑的梗。

比較常見的情況是，我們不是因為惡意才壟斷訊息，我們這樣做是因為沒有他心通，這是好事，惡意隱瞞並非我們在此可以修正的「缺陷」，但沒能設想別人的處境是可以修正的。

我協助一個和他助理有問題的朋友，他形容說，他們不是一個能密切配合的團隊，但是他不懂問題出在哪裡，也不知道如何修正。他能多說的只是一種模糊的感覺，「我們的關係大不如前」。

在我問他的助理前，我問他：「你的助理會認為你這個老闆最大的缺點是什麼？」

「我和她的溝通不夠，」他說，「我沒有分享資訊，讓她一頭霧水。」

「還有別的嗎？」我問。

「沒有了，就這樣，」他說，「這樣還不夠嗎？」

「你覺得她有說對嗎？」我問。

「有。」

這很有意思，我想，你很少會聽到老闆為人際互動不良而扛下指責。

然後我去問助理為何他們不能密切合作，她也說是她的老闆不能充分分享訊息。

因為他是我的朋友，我是義務協助，所以用平常不用的方法進行，我就像個祕密客一樣去跟監一整天，看看別人如何使用產品。在這個案子上，我從他走進公司後就追蹤他，觀察他和助理的互動直到下班走人。

我看到的情況說明了一切。他大約比助理早十五分鐘到公司，第一件事就是看電子郵件，然後他的行動電話響了，他接電話。在他講電話時，他的助理到了公司，她探頭進來說早，他一邊說話一邊招招手。當他掛完電話，轉身去看電腦螢幕，記下一些重點，然後回幾封信。他的助理進來說有一通客戶電話在線上等，他要接嗎？他接了，這二十分鐘的講電話期間，又有另外三通電話進來，他掛上電話，又回覆這些電話，同時看看電腦上新寄來的電子郵件。這個模式持續了一整個早上。

中午以前，我已經看夠了。

「每天這裡都是類似的情況嗎？」我問。

「差不多。」他說。

事實上，我的朋友犯的錯是讓助理永遠不清楚狀況，但他不是惡意的，或正確地說，故意的。他的職場生活像是救火隊，分心、沒有組織，忙著回覆電話滅火，從沒有空和他助理一起坐下來做任務說明。

如果他有做的話，我猜會大幅改善資訊共享的問題。

我猜這也是為什麼有這麼多人會壟斷資訊的一大理由。不是因為我們故意讓別人摸不到頭緒，只是因為我們太忙了。沒有惡意，而且立意良善，但我們就是做不到，結果就變成很不會分享訊息，不能給出重點說明、提點，或是指導別人為我們代勞，長期下來，我們就會看似想壟斷訊息。

不懂得分享訊息不意味著我是故意要隱瞞，兩者不太一樣，但是在周遭的人眼裡看來，結果並無二致。

你要如何停止壟斷資訊？

最簡單的答案：開始分享。

這就是我朋友的功課，他讓分享資訊成為忙碌上班日中的重要事項。他訂出時間和助理做任務說明，讓她預知他打算做些什麼，而且他把時間訂死，不可取消、延期，或被電話打斷。

如果你有同樣的問題，我也建議你這麼做，如此一來，你不但能改善溝通品質，也證明了有把同事當一回事，展現了他們對你很重要。在我們的人際挑戰中，一石二鳥的解套法並不多，但是悄悄地從資訊壟斷移陣到資訊分享就是一個。

第十個習慣：不適時讚賞別人

這是壟斷資訊的難兄難弟，不去讚賞別人對團隊的貢獻，不只是對人不公平，而且還剝奪人家享受因勝利而來的喜悅。他們沒有辦法因成功而陶醉一下，或是接受恭賀，只因你扼殺掉這個選項。他們會因此覺得被遺忘、漠視、被推到一邊去，然後會記恨你。如果真的想氣死人，就不要讚美別人的成就。

不給予別人肯定，就是不給出句點。我們都需要在人際互動中有個句點。句點有不同的形式，在摯愛的人死去之前，我們會說出最後的感懷，那是很五味雜陳的，簡單一點的也有，例如別人說：「謝謝你。」你一定要行禮如儀地說：「不客氣。」不論何者，我們期待有句點。

讚賞的本質就是句點。它是珠寶盒上漂亮的蝴蝶結，裡頭裝的是你們團隊所創造的成功這項珍貴禮物。一旦你沒有給出讚賞，禮物就貶值了，空有成功，缺少光環。

在職場或在家裡都一再發生。

在訓練課程上，當我問與會者：「你們當中有多少人覺得需要加強對別人好表現的讚美？」一定十個裡頭有八個舉手。

我再問他們為什麼不去讚美，答案顯示了，問題多半是在他們自己身上，跟沒有接受到讚賞的同事無關。「我就是太忙了。」「我本來就期待每個人都能好好表現。」「我從來沒有想過這對他們很重要。」「我從來也沒有因為好成果被人讚賞過，他們憑什麼要被讚賞？」

注意一下這些第一人稱單數主詞的激進用法，這是成功人士的標誌，他們都變成成就很大的人，因為注意力都放在自己身上。他們的生涯、他們的表現、他們的進步、他們的需求，但是成就很大的人和領導者之間還是有差距，成功的人一旦可以將焦點由自己身上轉移到他人身上時，就是成為偉大領導者的時候。

我的一名客戶教我漂亮的一招，可以改進給予讚美這個部分。

1. 他先列了一張清單，上頭有他生命中不同的群組（朋友、家人、下屬、客戶等）。
2. 然後在每一個群組列出重要人名。
3. 每隔兩週的週三上午及週五下午，他會查看一下這些人名，問自己：「上頭的這些人有沒有做了一些我應該讚美的事？」
4. 如果答案是「有」，他會很快表達一下，用電話、電子郵件、留言或是小紙條。如果答案是「沒有」，他就什麼都沒做，他並不想成為一個假惺惺的人。

一年不到，這名主管在給予讚美上的名聲由差勁變成極優，他也很驚訝所費的時間其實很少。

在我們職場或生活中所有的人際怠慢上，不給予讚美可能是在被怠慢者心中持續最久最深的，除了……

第十一個習慣：搶別人的功勞

搶占功勞無異在傷口灑鹽，因為已經漏掉給予讚美了，卻又進一步侵犯別人。這樣不僅剝奪別人應得的掌聲，還把它霸占為己有，雙重犯罪。

回想你自己從前在學校，或是在職場上遇到這種處境的時候。你成就了一件很棒的事，等著別人讚美與恭賀。你等待，再等待，這是常有的事。這個世界並不總是剛好有人注意到我們表現很好的時候，每個人都有自己的事要忙。如果是在我們小時候發生，我們好生氣被忽視，抽噎著說：「這太不公平了。」但是成人後，我們學會面對這種漠視，「這就是現實人生。」我們這樣告訴自己。這還是沒有改變已經做了一些特別的事的事實，就算只有我們自己知道。繼續努力就是了。

但就算是最高度進化的人類，面對忽視變成竊奪時，也無法輕鬆微笑忍受。這就是當別人強占（偷）不屬於他的功勞時會有的狀況。這就像偷走我們的點子、表現、自尊、生命。我們孩提時不喜歡這種事（損失通常只是比沒得到老師讚賞嚴重一點)，但我們長大成人時碰到這種事會非常憤恨(部分原因是，損失的可能是職涯機會及財務回報）。當共事的人將你創造的成功搶走，他們在職場上犯了最容易激怒他人的人際「罪惡」。(在我的回饋調查中，這種人際缺失引發最多的負面情緒。）而且產生難以忘懷的痛苦，你可以原諒別人沒有讚美你耀眼的表現，卻不能原諒有人不但沒有讚美還厚顏無恥地奪為己有。如果發生在你身上，就會知道有多難將痛苦的滋味忘懷。

現在角色轉換一下，假設你是加害人而非被害者。

仔細想想，你會看到搶奪不屬於我們的功勞，是想贏慾望的近親。你不會把別人的履歷表或是大學學位說成是你的，那是因為那些是有案可查的，別人會來質疑。但是要去判定誰在會議中提出了得勝關鍵，或是誰在一個飄搖時期，將重要客戶的關係穩固住，證據通常不很明確，很難說功勞是誰的。所以，明擺著可以搶功，或留給別人去邀功的選擇，我們會陷入第三章所提的成功陷阱：我會成功、我還會再成功、我已經成功了、成功是我的選擇，然後在有所存疑之際，仍願意選擇相信自己。我們分得多過自己應得的功勞，然後逐漸深信不疑。在此同時，遭到這種不公的受害者卻在心裡暗潮洶湧。如果你明白受害的滋味，應該懂得這樣對待別人時，人家心中是什麼感覺。有點醜陋，不是嗎？

這不是在說，如果一個團隊裡都沒有人在意誰分到功勞時會如何，我們天生就明白這種事，因為知道在同事們將我們應得的功勞歸給我們時那種感受。

那麼，在別人有功應得時，為何不禮尚往來？

我暫時沒有答案。就算我們可以理直氣壯地把責任怪罪給父母、成長環境、或是高中時的類似遭遇，然後說所以我們才養成搶功的個性，但這無濟於事。這樣是把矛頭對著過去（我們改變不了），而不是讓自己具備將來可執行的方法。

要停止搶功，最好的方法是反其道而行，分享你的財富。這裡有一個簡易的練習，會把你從一個功勞守財奴變成一個功勞慈善家。

只要一天（如果你能持續更久也無妨），在心裡記得，每一次你暗自慶賀自己的大小成就時，就寫下來。如果你像我的話，你會發覺，在每一個平常的日子裡，你對自己拍背祝賀的次數超過想像。包括為客戶想到一個很棒的點子，準時參加會議，到三兩下寫就一張言簡意賅的紙條給同事。

「嗯，」我們欣賞著自己創造的漂亮成品，「做得真是不錯。」

這些暗底下的想法沒有什麼問題，為自己的成就沾沾自喜是讓我們愉悅邁步向前、度過辛苦長日的動力。若說一天可以產生二十幾個自我恭賀的事件，我並不會驚訝。

一旦蒐集了這個清單，一條條拿出來檢視，問自己：這裡頭有沒有任何可能存在別人的功勞，來幫助達成「你的」成就。

如果你準時到達一個在蠻遠的地方召開的會議，是你超級守時並且為別人設想？還是因為你的助理一早就提醒你要開會，用電話催促你出了門，確保你有充裕時間抵達？

如果在會議上提了一個好點子，是從你豐富的想像力中迸跳出來？還是由另一個與會者精闢的見解所激發的靈感？

當查看自己的清單時，想想這個一翻兩瞪眼的問題：由你慶賀自己的事件中存在的其他人的角度來看的話，他們是否也會給予你自己聲稱的那麼多的功勞？還是他們會把功勞歸給其他人，甚或他們自己？

也有可能在你檢視完清單後，還是作出結論說，你應該得到所有的這些功勞。但我猜就算是我們當中最自戀的人，也不會這麼短視。我們通都會用偏袒自己的方式，選擇性地記憶事情，這個練習把偏頗呈現出來，讓我們去考量到別人的觀點，看到更接近事實的可能。

第十二個習慣：找藉口

當柯林頓在二〇〇四年出版暢銷自傳時，他知道自己一定得面對第二個任期間和魯文斯基的性醜聞。他處理的方法是將它解釋為個人的瑕疵，對心中慾念的棄甲投降。「一旦人到達該負責的年紀，不論別人如何對待他，」他說，「都不能為自己犯的過錯找藉口。另一方面，人也得盡量去了解為何自己會犯下這種錯。我當時同時面對兩個很大的掙扎。眾人皆知的是要帶領共和黨掌控的國會打造美國的未來，私底下的是我自己面對的古老誘惑，公開的議題上我贏了，私人的事情上我輸了。其實就是這麼簡單，沒有藉口可說，但是可以解說清楚，我只能做到這樣。」

柯林頓了解這條界限，並不是因為他的行為沒有託辭可用，只是因為人沒有藉口去找藉口。

當你聽到自己說：「很抱歉遲到了，因為交通糟透了。」說完遲到了就可以住口了。歸罪交通狀況是個爛藉口，並不能抹去讓別人等的事實，你應該更早出門。最糟的情況會是如何？你提早到了，必須在門廳稍待一會。你真的會擔心要說「抱歉我早到了，因為我太早出發，交通比我預期好得太多」？

如果世界是這樣運行，那就沒有什麼好說了。

我通常把藉口分成兩類：直接的和狡猾的。

直接的像「狗吃掉我的家庭作業」這種藉口，聽起來會像這樣：「我很抱歉忘掉我們的約會，我的助理標錯日期。」

訊息：看吧，並不是我忘掉午餐的約定，不是我輕忽你，我覺得和你約的午餐非常重要，絕對是我一天中最大的期待。但只是我的助理無能，責怪他，別怪我。

這類的藉口會觸礁，是因為我們很少能達到目的，看起來也不是領導有方的樣子。在看過成千上萬份三百六十度回饋後，我很清楚下屬對上司的哪些特質敬佩，哪些不敢恭維。我從來沒有看過回饋這樣寫：「我覺得你是個很好的主管，因為你真的很會編藉口。」或是，「我原本以為你搞砸了，結果你竟然能編出那些藉口，讓我完全改觀。」

當我們把自己的錯失歸咎於一些基因遺傳問題，所以會天生、永遠長駐在我們身上時，藉口看起來更狡猾。我們這樣談論自己時，就彷彿身上帶著永遠無法改造的基因缺陷。

你一定聽過這些藉口，也許你用過這些來形容自己：

「我就是缺乏耐心。」

「我總是把事情拖到最後一秒。」

「我就是脾氣太急躁了。」

「我的時間管理很可怕，我的同事和太太抱怨好多年了，說我浪費時間在沒有意義的案子和討論上頭。我想我就是這樣。」

這真是太令人驚訝了，這些原本很聰明、成功的人，頑固地把這些自我藐視的話放到身上。這是種巧妙的藝術，因為事實上，他們在給自己定型，成為一個沒耐心、脾氣不好、或是缺乏組織的人，然後用這個來作藉口，為原本無可辯駁的行為護航。

我們個人的定型也許是植基於多年來一再聽到的故事，通常遠溯至孩提時期。這些故事也許實際上無根據，但深植到我們的腦袋中，然後壓低期待值，所以反而坐實了預言。我們的行為好像是想是證明對自己的負面期待是正確的。

我就是個好例子。成長在肯德基州的維利站，我應該會自然地接觸到車子、工具、和機械類的東西。我父親經營一家加油站，我的很多朋友喜歡改裝車子，然後每個星期六晚上到直線加速賽車場比賽。

然而，孩提時，我從母親那裡得到不同的期待。幾乎打從出生起，她就告訴我：「馬歇爾，你聰明絕頂，事實上，你是維利站這裡最聰明的小孩。」她告訴我，我不只將來會上大學，而且應該會讀到研究所。

她也說：「馬歇爾，你沒有機械天分，你這輩子不會擁有機械技能。」（我猜她是要用這個方法，確保我將來不會去加油站幫人加油和換輪胎。）

看看母親的形塑和期待如何影響我後來的發展，是很有趣的。從來沒有人鼓勵我去弄弄車子，或是去搞搞工具，（做為一個六〇年代的青少年，我以為萬向接頭是某種嬉皮在抽的東西。）我的父母也假設我沒有機械技能，我的朋友們也知道。我十八歲大時，我參加美軍機械才能測驗，得分落在倒數的百分之二，所以，這是真的。

總之，六年後我到了加州大學洛杉磯分校，攻讀博士。一位教授要我寫下自己的強弱項。在強項上，我寫下「研究」、「寫作」、「分析」和「演說」（這是一個絕對不隱晦的方式在說「我很聰明」）。在弱項上，我寫：「我沒有機械技能，永遠不會有機械技能。」

教授問我，我怎會知道我沒有機械技能，我把成長經歷向他說明，也告訴他我在軍隊測驗中的悲慘表現。

「你的數學能力如何？」他問。

我很驕傲地回答，我在SAT（學術評量測驗）的數學能力上拿到滿分八百。

他接著問：「為何你可以解決複雜的數學問題，但卻不能解決簡單的機械問題？」

他又問：「你的手眼協調能力好不好？」

我說我很會玩彈珠檯，大學時還靠打撞球賺到一些零花錢，所以應該還不錯。

他問：「為什麼你可以打撞球卻沒辦法敲釘子？」

我就是在這時理解到，我的基因不是出問題的地方。我只是坐實了我選擇相信的期望。在那個當口，我已經大到應該更清楚狀況了。這時不再是我的家人朋友在強化我這個信念，覺得我機械不行，也不是所謂的軍隊測驗。我是那個不斷告訴自己「這個你做不來」的人。我理解到，只要繼續這樣說，它就會是真的。

下一回你聽到自己說：「我對……很不行時，」問問自己：「為什麼不行？」

這不光是指我們的數學或機械才能，也適用於我們的行為。我們容許自己遲到，因為我們這輩子都在遲到，父母和朋友也不計較。其他說得出來的惱人行為也是如此。打分數，惡言批評，壟斷訊息等，都不是基因的缺陷！我們不是天生如此，不論我們一直以來如何相信。

同樣的，下回你逮到有同事想要偷偷卸責，說：「我對……不太行。」就問他：「為什麼不太行？」

如果我們不讓自己找藉口，選擇做任何事都會進步的。

第十三個習慣：怪罪過去

有一派心理和行為專家認為，挖掘我們的過去，尤其是家庭互動，可以更了解現在的行為。這派人士認定：「假如是歇斯底里的問題，就是成長背景的問題。」

如果你是一個完美主義者，或是一個常在尋求認同的人，那是因為你的父母從來不說你已經夠好了。如果你可以不照規矩來，覺得自己永遠不會做錯，那是因為你的父母溺愛你，誇大你的重要性。如果你在權威角色前畏縮，是因為你有一個掌控一切的母親。如此類推。

這派學說在此可以先暫停。

我對緊抓過去的「治療」沒有多大的耐心，因為一直回頭看不會帶來改變，充其量是了解罷了。

我早期有個客戶會花數個小時告訴我：「馬歇爾，你不了解，讓我解釋為何我會有這些問題，我告訴你我爸我媽是怎樣。」一連串冗長、令人不耐的抱怨。末了，我伸手到口袋裡拿出一個銅板，說：「這是二十五分錢的銅板，打電話去告訴關心你這些事的人。」

請不要誤會，了解並沒有問題，如果你的問題是接納過去，那麼了解過去是很可取的。但是如果你的目標是要改變未來，了解無助於你。我的經驗告訴我，唯一有效的策略是看著他的眼睛，然後說：「如果你想要改變，請這麼做。」

但就算是講得這麼直截了當，緊抓過往不放的客戶，想要了解為何他們今天會變成這樣的這些人，還是我最難纏的任務。要花好長的時間，才能說服他們，他們真的不能拿過去怎麼辦。不能改變、不能重寫、不能拿來當藉口。只能接受，然後繼續往下走。

但基於某些理由，很多人沉湎於過去，特別是可以讓他們把生命中的問題怪罪給別人的部分。於是怪罪過去變成一個人際問題，我們拿過去作為對付他人的武器。

我們也會緊抓過去，做為和現況的對照組，通常是想要藉由貶抑別人，來彰顯自己的好。

有沒有發現你用一個對自己有利的故事開場，說些：「我在你這個年紀⋯⋯」

到底這在上演些什麼戲碼？

我們在給藉口時，怪我們不能掌控的某人某事，作為失敗的理由，反正不是我們自己的錯。但有時不是將別人拿來當作失敗的藉口，而是一種迂迴的方式，好來強調自己的成功。這比找藉口好不到哪裡去，但我們通常需要一個很親近、又很有智慧的人，才能幫我們看清這點。

我是由女兒凱莉那學會這個道理。

她那時七歲，我們住在聖地牙哥的一棟漂亮房子裡（現在依然是我的家）。有一天，工作上有些不順，心情煩躁，回家時就把不快發洩到凱莉身上。我一直不斷說出父母可以講出來最可惡、可悲的話，其中有一段是這樣開頭的：「我在你這個年紀⋯⋯」不能免俗的，就是那種裝可憐的演說，強調父母小時候的物質環境跟現在提供給小孩的天差地遠，有多麼窮困，多麼可憐。

我開始大聲抱怨在一個肯德基州的加油站成長，沒有什麼錢，必須辛苦努力，才能成為家裡第一個大學畢業生。對照組當然是凱莉可以擁有的這麼多很棒的東西。

她很有耐心地聽我痛罵，本能地讓我發牢騷。我終於住口時，她說：「爸爸，你會賺錢又不是我的錯。」

這讓我戛然而止，我了解到：「她是對的。」我怎能期待她去了解窮困是怎麼回事？尤其我拼命要確保她不要體驗到。是我自己要選擇努力工作賺錢的，不是她。事實上，我是在自吹自擂，這麼難的事我做到了，我這麼聰明可以披荊斬棘而獲得成功，實際上是在吹牛，卻裝成將挫折倒到她身上。幸運的是，她讓我看清這一點。

停止將自己的選擇怪罪到別人身上，尤其是那種事實上結果很好的選擇。

第十四個習慣：偏心

我讀過超過一百篇為大公司量身設計的領導宣言，我的任務是要重寫過。這些文字通常是些陳腔濫調，表達出每一家公司希望在領導者的行為裡看到的特質。這些了無新意的文字中包括：「溝通清楚的願景」、「幫助他人發揮最大潛能」、「致力保有不同聲音」，以及「避免偏心」。

沒有一條希望領導者有的行為是：「有效地拍上級馬屁」，既然我們在多數的公司中都看到逢迎拍馬的現象，而且都看到下場很好，實在應該加上這一條。雖然幾乎每個公司都聲稱要幫助員工「挑戰體制」，而且「賦予你表達意見的權利」，「真話但說無妨」，但可以確定的是很多人喜歡拍馬屁。

不是公司都說厭惡這種可笑的奴顏卑膝行為，個別的主管也都這麼說，幾乎所有我遇到的領導者都會說他們絕不會在自己的組織裡鼓勵這種事。我不懷疑他們是真心這樣說。就算不覺得噁心，大部分的人也都不太喜歡馬屁精。但問題來了：如果領導者都說他們不鼓勵拍馬屁，為何它會在職場上如此盛行？別忘了，這些領導者對人性的判斷是很敏銳的，他們花了大半輩子打量別人，在第一印象之後，也不斷會根據後續的印象微調，但還是會被馬屁高手玩弄，也仍會有偏心的行為。

簡單的答案是：當局者迷，旁觀者清。

也許你會想：「真的太奇怪了，領導者會送出微妙的訊息，鼓勵下屬不要批評，誇大對掌權者的讚美，自己卻沒能看清這一點，這真是不可思議。當然，我不會如此。」

也許沒錯，但怎能確定你不是在否認？

我用一個難以辯駁的測驗在客戶身上，好說明我們不知不覺中是在鼓勵馬屁文化。我問這群領導者：「你們有多少人養狗？」他們一邊拼命揮手，臉上也漾出大大的笑容，在提到他們永遠忠誠的朋友時，容光煥發。所以測驗來了，我問他們：「在家裡，誰會得到你最大剌剌的熱情？是：一、你的另一半，二、你的孩子，或三、你的狗？」憑著百分之八十以上的得票率，狗兒勝出。

他們回答的原因都很類似：「狗狗看到我時總是很開心。」「牠不會頂嘴。」「狗狗給我的愛是沒有條件的，不論我做了什麼。」換言之，狗在狗腿。

我不敢說自己有比較好，我愛我家的狗漂兒。我一年有一百八十天在外頭，出差回到家，漂兒會瘋了似地迎接我，車子才開進車道，我的第一個反應是要打開前門，直接去找漂兒，大聲喊：「爹地回家囉！」毫無例外地，漂兒都會跳來跳去，我會抱牠拍牠，誇張地和牠玩鬧一陣。有一天，女兒凱莉從大學返家，她看到我和漂兒這種親暱舉動，然後看著我，把手裝成爪子舉高高，然後學狗叫：「汪汪。」

我懂意思了。

我們若不注意，可能會在職場上把人當成狗一樣對待，獎勵那些不假思索、無條件崇拜你的人，我們會因此得到哪一種行為作為回報呢？這是關於拍馬屁很明顯的例子。

後果是如此明顯，你在鼓勵對你有利的行為，但不見得符合公司的最大利益。如果每個人都對上司逢迎拍馬，誰要去做事情？更糟的是，這會對誠實、有原則且不願隨波逐流的員工不利。這樣豈不雪上加霜？你不只是偏心，而且還偏錯邊。

領導人要停止這種行為的滋生，首先要願意承認，我們都本能地會喜歡那些喜歡我們的人，這有時是不由自主的。

我們應該用下面的問題將下屬分類。

第一，他們有多喜歡我？（我知道你不能確定，重要的是你認為他們有多喜歡你。馬屁高手都是好演員，這就是逢迎的本質：演戲。）

然後第二，他們對公司和客戶的貢獻何在？（換言之，他們是一、二、三流，或更不行的人才？）

第三，我給了他們多少肯定？

我們在這裡要看的是，第一和第三、第二和第三的關連性強不強。如果夠誠實的話，我們對人的肯定通常和他看起來喜歡我們的程度相關，而不在於他們表現的好壞。這恰好就是偏心的定義。

錯都在我們身上，我們不喜歡別人這樣，但自己卻在鼓勵這種行為。不是故意的，卻給予空洞的讚美，這讓我們成為空洞的主管。

這個簡易的分析不會解決問題，但的確是可以找出問題來，這就是改變的開端了。

第十五個習慣：拒絕說對不起

表達歉意、道歉是一種釋嫌的儀式，就像到教堂告解一樣，你說：「我很抱歉」，然後就會覺得好過些。

至少在理論上是如此，但是就像很多理論上沒問題的事情一樣，知易，行難。

也許我們認為道歉是認輸（而成功人士有一種無論如何都要贏的需求）。

也許我們覺得要承認做錯了很痛苦（做對的時候很少需要道歉）。

也許我們覺得要尋求原諒很丟臉（彷彿在示弱）。

也許我們覺得道歉讓我們必須讓渡權力或掌控（事實上恰恰相反）。

不論理由為何，拒絕道歉會在職場上（或家裡）導致和其他人際缺點一樣多的惡意。試想一下，如果朋友傷害了你或是令你失望了，卻沒有道歉，你心裡會感到多痛苦？而這種傷害不用多久就會化膿。

如果回顧一下生命中一些破裂的關係，我猜很多都起源於齟齬，也就是兩者當中有一人無法運用情緒智商說句「對不起」的時候。

工作上不能說對不起的人，就像穿著件上頭印著「我不在乎你」的T恤。

當然，這裡有個弔詭，讓我們拒絕道歉的正是這樣的恐懼，怕輸、怕承認自己犯錯、怕讓出主導權。事實上，道歉可以把這些都抹去。當你說：「對不起」時，你把對方變成了盟友、夥伴。

我在研究所開始研讀佛經時，才了解這種矛盾。做為一個學佛的人，我深信要怎麼收穫先怎麼栽。你對別人笑，別人也會以笑來回應你；如果你不把他們放在眼裡，他們就會恨你。如果你將命運放在他們的手中，例如讓渡一些權力給他們，他們會回報你。

但我真正「開悟」是二十八歲那年。我到了紐約，自己一人來到位於曼哈頓東城一個高級的法國餐廳佩里戈爾（Le Perigord）享用晚餐。我從來沒有到過這樣的餐廳，花束擺飾還用單獨一張枱子展示著，刀叉跟斧頭一樣重，服務生都打黑領結，操著道地的法國口音。我對服務生坦誠說，我有點被店內的裝潢嚇到，連小費在內，我只有一百美金可以花在這一餐上，而且我看不懂菜單，上頭全是手寫的法文字。

「你可以幫我準備你們用一百塊能做出來的最棒的晚餐嗎？」我問他。

我相信，當晚吃到的那一頓比那一百元的預算至少超出百分之五十，不止是額外的幾道菜、起士盤，侍者還不時過來加滿我的酒杯。我承認自己是個鄉巴佬，但他們的回應卻是待我有如上賓。

這個經驗教給我的是，如果把牌交到別人手上，那個人會對你比你把牌留在自己手上還要好。我確定富蘭克林說「要得到一個朋友，就讓他幫你一個忙。」這句話時，就是這麼想的。

你可以看到這個原則的運用，就是我幫成功人士採取的第一步，好讓他們更成功。我教他們說對不起，要面對面向那些同意幫他們變更好的人說。

在人可使用的武器中，道歉是最有力且最撼動人的舉動，力度幾乎跟示愛一樣。和「我愛你」顛倒，假使愛的定義是：「我喜歡你，我也很高興我喜歡你。」那麼道歉的意思則是：「我傷害了你，我很難過我傷害了你。」不論何者，都是充滿吸引力，而且讓人難以抗拒的。這樣會在根本上改變兩人之間的關係，迫使他們前進到一種新的，可能更好的夥伴關係。

我告訴我的客戶，道歉最棒的地方，是強迫每個人拋開過去。事實上，你是在說：「我不能改變過去，能說的只有，很抱歉我做錯了，很抱歉傷害了你。沒有任何藉口可說，我將來會改進，希望你能給一些建議，協助我改進。」

這樣的發言，**承認自己有罪、道歉、請求協助，就算是最不會感情用事的人也很難招架。用在同事身上時，會產生點石成金的效果。**

我的客戶貝絲是財星一百大企業的高階女主管，她的老闆愛死她，她的下屬也對她死心塌地，但她的一些同儕卻恨死了她。我訪談了她的同事，發現她和一個死硬派的部門主管哈利的關係尤其惡劣。貝絲是一個聰明又十項全能的耀眼新星，執行長聘用她是為了要活化組織。然而，哈利眼裡的她是傲慢的，覺得她對公司的歷史和傳統都不屑一顧。兩人長久以來持續進行著一場領土保衛戰，這把她性格裡最糟的一面誘發出來：尖酸刻薄的性情。我們都覺得她應該改變行為。

我要貝絲做的頭一件事就是要道歉，對象是哈利。我可以看到她對這個建議的強烈反彈，我告訴她：「如果妳做不到這個，就不能變好，同時，我就會因無法幫妳而離開。」一想到要對哈利示弱，她就受不了，以致於我必須幫她想好道歉的台詞。我並不想因為擔憂或是猶疑，壞了這個道歉（效果就會大打折扣）。我們必須讚美一下貝絲，因為她有照著腳本進行。

她說：「你了解的，哈利，我得到了蠻多的回饋，第一件要說的就是我很肯定這些。第二件要說的是，我想要改進一些事。我一直不太尊重你、公司和公司的傳統，請接受我的道歉，我沒有藉口可以這樣……」

哈利在她還沒說完道歉時打斷了她，她警覺地看著他，準備好再度開戰，可是她注意到他眼角泛著淚光。他說的第一句話是：「你知道嗎，貝絲，這不只是你的問題，也是我的問題。我一直以來對待妳的方式都不太紳士，我知道妳要對我說這些很不容易，其實這並不全是妳的問題，這也是我的問題，我們可以一起改善。」

這就是這個過程中的魔法，當你宣告你依賴別人，他們通常會願意幫忙。在幫助你成為更好的人的過程中，他們幾乎也都會變成更好的人。這就是個人改變、團隊進步、部門成長、公司壯大的過程。

既然你了解了爲什麼道歉會奏效，我們在第七章〈道歉〉會更詳細說明這個機制實際的運作方式。

第十六個習慣：不聽別人說話

在我的工作上最常聽到的抱怨就是這個了，人們可以容忍各種不禮貌的行為，但是不給予注意在他們心中還是有個特別的位置，也許是因為這本來是任何人都可輕易做到的事。畢竟，把耳朵打開、眼睛看著正在講話的那個人，同時把嘴巴閉上有什麼難的？

你若無法傾聽，等於送出一個負面訊息大隊，等於在說：

- 我不在乎你！
- 我聽不懂你說的！
- 你錯了！
- 你很笨！
- 你在浪費我的時間！
- 以上皆是。

若有人還肯再跟你講話，那真是奇蹟。

不聽別人說話有個很有趣的地方，表面看來，這是一個靜默、低調的活動，別人很少能注意你在做這件事。你可能因為是覺得無聊、思緒飄走、忙著組織自己想說的，所以沒去聆聽，但別人不會知道。

唯一會讓別人注意到你沒有在聽，是你表現出很不耐煩的時候。你想要他們有話快說，講重點，別人會注意到這個，但很少會因此而對你更有好感，你還不如大聲對他們喊：「下一位！」

我和一群世界頂尖研發機構的高階主管工作時，他們就是碰到這個問題。他們的困擾：留不住青年才俊。他們的缺點：在別人做簡報時，每一個高階經理人都養成了一些惱人的習慣，看著錶、緊盯著資淺的科學家加快速度，然後不停說著：「放下一張，放下一張。」這種狀況不言自明。

你做簡報時有沒有碰過類似的情況，經理人在旁一直表現出不滿意，不斷叫你趕快進行？很好，那就是這些年輕科學家的感受。

這些高階的挑戰：在資淺的科學家做報告時，耐心聆聽。

要了解為什麼這些長官們會沒耐心的原因很簡單，因為他們絕頂聰明，而且都在麻省理工學院和哈佛大學拿到很高的學位，所以，他們覺得要聽年資和位階上都遠不及自己的人講話，很難坐得住，因為：一、他們通常覺得已經知道別人要講什麼，二、他們的腦筋轉得超快，任何訊息說頭便知尾了。當在講這個故事給另一家製藥廠老闆聽時，他哀傷地承認說：「我還更糟。我不是說『放下一張』，我會說『放最後一張，放最後一張』。」

這群主管了解到他們必須改變，因為世界已經改變了。過去大機構中的資淺研發人員在工作上也許沒有更好的選擇，只是要在這間大公司或那間大公司間做個選擇就好了。

在看到人才紛紛出走後，這群主管慢慢了解到，現在，這些資淺的研發人才可以選擇到小型的新創公司，或是自己創業。他們不再是一群穿白襯衫的老頭們的人質，他們也可以穿牛仔褲工作，週五還可以開啤酒狂歡一下。況且有很多的例子，都是年紀輕輕就賺到好幾桶金。

對過去的領袖和未來的領袖的現實是，在過去，絕頂聰明的人會忍受這些不禮貌的行爲，但在未來，他們會選擇走人！

如果你發現當別人講話時，自己心裡或真的在桌上敲手指時，不要再敲了，聽別人說話時不要再表現出不耐煩。不要說（或心裡想）：「放下一張！」這是沒禮貌又惹人厭的舉動，只會確保激起你的員工尋找下一個老闆的念頭。

第十七個習慣：不表達感謝

戴爾・卡內基（Dale Carnegie）喜歡說，最甜蜜的兩個字詞是姓和名，他提到，若是大量用在對話中，一定可以和人建立起關係，解除他人的戒心。畢竟，誰不喜歡聽到別人說出他的名字？

我確信卡內基是對的，對我而言，最甜蜜的兩個字是「謝謝」。這兩個字不只是讓別人卸下武裝，而且聽起來很悅耳，可以幫我們避掉很多困擾。就像說對不起一樣，這是人際關係中的一根魔法棒，不曉得說什麼時就揮一下，永遠不會得罪聽到的人。

說謝謝毫無技術可言，你就把舌頭放到發音位置，把話吐出來，讓這兩個四聲字滑出你的嘴唇，讓任何離得不夠遠的人用能鑑賞的耳朵接收。

然而，對有些人而言，要執行這個基本的操作還是有可能觸礁。不論是接收到一個有益的建議，或是逆耳忠言，或很棒的讚美，他們突然不知該如何回應。他們可能會反駁這些評論，質疑、糾正、澄清、批評、擴大解釋，基本上什麼都做了，就是少了做這件正確的事：說謝謝。

你碰過這樣的事嗎？參加一個聚會，不論你是男是女，看到一個鄰居太太穿了一件很美麗的衣服，你告訴她：「芭芭拉，你看來真漂亮。好漂亮的衣服哦。」

她沒有向你道謝，反而羞赧地像個女學生，回答：「哦，這件舊衣服哦？我只是剛好在衣櫃裡翻到這件隨便穿的衣服。」

你沒戲可唱了，她開始一直不斷談這件衣服，你只能不解地看著她。你剛剛遞給她一個很棒的讚美，但她在和你辯論耶！事實上，她等於是在說：「你如果覺得這件衣服漂亮，那你就搞錯了。和我衣櫃裡其餘那些真正漂亮的衣服比起來，這件根本不算什麼。如果你能更聰明一點，就會知道，根本不能拿這件上不了台面的舊衣服來評斷我卓越的穿衣品味。」

當然，她的意思也不見得那麼尖銳，但這就是不說謝謝的恐怖效果，你製造了一個原本不存在的問題。

我試著這麼告訴人，如果不知道要說什麼，對任何建議不予置評的回應就該是：「謝謝。」

我觀賞高爾夫球員馬克．歐米拉（Mark O'Meara）和他的哥兒們老虎伍茲（Tiger Woods）在爭獎賽（Skins Game）打球，爭獎賽是個專為電視量身而作的比賽活動，球員都配戴麥克風，所以你可以聽到他們說的每一句話。高爾夫球是個很講禮貌的運動，球員整場下來都會不斷地說：「這球漂亮。」每一回，別人稱讚歐米拉「這球漂亮」時，他都會回答：「謝謝。很感謝你。」從不遲疑，一場球下來，他大概說了五十次以上。

這也就不難理解，歐米拉從他的球友中得到的回饋都很正面，還有什麼好再說的？有，就算他得到的是負面評語，「這球有點糟，馬克！」我還是建議同樣的回答，「謝謝你，我會再努力。」

我不確定有多少人會這樣做，這表示要放掉渴望想贏、想要對、想加值、想踩到頂端的慾望。

其實需要的只是稍微扭轉一下心態，就能夠接受別人的評語，我的朋友克里斯．嘉比（Chris Cappy）是一個主管進修的專家，他有一句名言，讓我能更客觀看待這種情況。不論別人告訴他什麼，他都接受並提醒自己：「我不會學得更少。」這就是說，當別人給你建議或提供意見，你只會學習更多或沒有多學到東西，但你不會因此學得更少。聽聽別人怎麼說，不會使你變笨，那麼，謝謝他們想幫忙的心意。

如果你仔視檢視這些回答，會發現，除了「謝謝」之外的任何回應，都有可能會引起波瀾，不論是不是故意的，看起來都彷彿是在攻擊告訴你的人。

我常會去注意這個會引起麻煩的句子，那就是：「我有點搞不懂」，因為這句話很玄虛也不誠懇。你有沒有碰過這種情況？你很誠懇建議你的老闆：「老闆，你有沒有考慮過……？」老闆看著你，然後說：「我有點搞不懂你說的。」

老闆並不是真的在說他搞不懂，他是在說你搞不懂，這是「你錯了」的另外一種說法。

老闆應該說的是：「謝謝，這我倒沒有想到。」至於老闆到底有沒有真的再進一步考慮，並不是重點，重要的是，說「謝謝」讓別人會繼續跟你說話，不說「謝謝」會讓人退避三舍。

我們天生就知道這個道理，我們很小的時候就被教導要說「請」、「謝謝」，這是基本禮貌，所以居然有這麼多人沒有認識到道謝的力量，真是很離奇的事。對我而言，最大的謎是，為什麼會想拖延表達感謝的時間。我們認為要等到最好的時機，好像一定要有個很戲劇化的盛大感謝儀式才能奏效，問題是，我們很少能夠知道最好的時機何時會來，這種想法沒有道理。

我有一回和一位客戶談到表達謝意這門失傳的藝術。

他聲稱這是他的強項。

為了證明這點，他告訴我一個和他太太有關的故事。他一直想要在家裡擁有一個辦公室型的書房，講了很多年，因為改裝的工程浩大，他一直沒有時間或精力去進行。但他的太太替他完成了。

她找了一個建築師設計這個加蓋工程，雇用包商，申請了房屋修繕貸款，和當地的委員會來來回回交涉一些囉哩囉嗦的准建流程，並在工人拆牆、蓋地基、擴建時監工。

「你為什麼要告訴我這個？」我問。

「因為這個房間快蓋好了，但我還沒有向她道謝。我想要等到全部完工時，再給她一份大大的謝禮。」

「你為什麼不要現在就謝謝她？」我問。

「因為我想要等待，當工程完成後再謝比較令她難忘。」

「這樣也許沒錯，」我說，「但你覺得如果你現在就謝謝她，然後等完工後再慎重謝一次，她會不高興嗎？你認為她會因為你謝她兩次而不高興嗎？」

感激是一種禮多人不怪的行為，但不知為何，我們對付出感謝都既吝嗇又謹慎，彷彿是要留在特別日子才要開的波爾多酒。感謝不是一個有限的資源，也不花錢，就跟空氣一樣充足，我們吸進來卻忘記呼出去。

我們這裡討論到的行為挑戰中，這個應該是最容易克服的，找到可以感謝的事，找出你有「虧欠」的對象，跟他說聲「謝謝」，現在就行動。

其他所有你需要知道有關表達感激的事，都可以在第十章找到。

第十八個習慣：懲罰傳訊息的人

懲罰傳訊息的人，就像是從不讚賞別人、搶功、推卸責任、惡言批評，以及不表達感謝中，擷取最壞的的元素組合而成，最後再加上怒氣。

展現的強度有大有小。

這不僅包括我們對發難者給予不公的報復行動，或是我們對傳遞惱人訊息的員工猛烈抨擊。

這也是我們只要在忙碌或是失望時，就會有的一些反應，除非有人清楚指出來，否則我們不會意識到自己整天都在懲罰傳遞訊息的人。

這表現在，助理向你報告老闆太忙了無法見你時，你當場不屑的冷哼一聲，你的老闆不見你，又不是助理的錯，可是助理對你哼那一聲的詮釋可不是如此。

這表現在，開會時有個下屬報告有件案子告吹了，你忘了要刪除那聲咒罵，如果你是很冷靜地問：「出了什麼問題？」這樣不會造成傷害，你的下屬會解釋清楚，在場的人也會學到教訓，然而，在你的咒罵中閃過的情緒表達了另外的訊息。這是在說，如果你想要挨上司罵的話，就出其不意告訴他壞消息。

也不是碰到壞消息才會如此，在別人給我們重要的警告時也常這樣，我們開車時，前頭紅燈已經亮了；早上出門時，襪子穿了一黑一白等，我們或者發脾氣，或者和想幫忙提醒的人吵架。

如果你的目的是想終止別人任何的建言，就讓自己懲罰傳遞訊息者的聲名遠播。

然而，如果你的目標是要終結這種習慣，要做的只有簡單的一件事，說：「謝謝。」

例如，我每一個禮拜幾乎都會出差，但我恪遵週末要在家的信念，所以，每個禮拜天下午，或是週一早上，我都在開車前往機場的路上。因為太常如此，所以我習慣將出發到機場的時間壓縮到最後一刻。我會經常瘋狂飆車到機場，也就不足為奇了。有一回開車到機場的路上，我的太太麗妲（雪上加霜的是，她是個有執照且有博士頭銜的心理醫師）說：「小心，前面紅燈亮了。」

身為一個行為科學專業人士，通常教導別人正面回應建言的我，當下反應卻是對她大吼：「我知道紅燈亮了！你以為我看不見嗎？我跟你一樣會開車！」

當我們到達機場時，麗妲一反常態，沒有做她經常的話別儀式，沒有吻我一下說再見，一言不發。她繞到車另一邊去，鑽進駕駛座，直接開車走人。

嗯，我想，不知道她是不是在生我的氣？

在六個小時到紐約的飛航期間，我做了一個投資報酬分析。我問自己：「讓她說『前面紅燈亮了』的花費是多少？」零，「可能的報酬呢？有沒有可能挽救到什麼？」很多的報酬湧進心頭，包括我的性命、她的性命、小孩的性命、其他無辜的人的性命。

當別人給我們一個潛在的巨大報酬，又花費不到一分一毫時，唯一合適的回應就是：「謝謝妳。」

我在紐約下機時，覺得很愧疚又很丟臉，我打電話給麗妲，告訴她這個投資報酬率故事，我說：「下回妳在我開車時幫我的話，我會只說謝謝。」

「你當然會囉！」她回答（譏諷也不用錢）。

「看著好了，我會做得更好。」

幾個月過去了，我早將此事拋諸腦後，又一回，我又飛車要到機場，一時沒注意，麗姐說：「小心這個紅燈！」我的臉變通紅，開始深呼吸，表情有點扭曲，然後大叫一聲：「謝謝。」

離完美還有段路，但我在改善當中！

下一回，有人給你一個建言，或者「幫助你」進行像開車這麼重要的事，不要懲罰傳遞訊息的人，不要說任何一個字，不要說閃過你腦中的話，除非那是「謝謝」。

第十九個習慣：推卸責任

推卸責任是一些可怕缺陷的綜合，攙雜了一些想贏的需求以及找藉口，混合了拒絕道歉和不適時給予讚賞，再加上一點懲罰傳遞訊息者和發怒，這樣你就完成了推卸責任的配方，把自己的過錯歸咎給別人。

我們會在意上司有沒有這個行為缺失，這是個重要的評分項目，就像我們會在意上司有沒有腦力、勇氣、果決等正面特質。沒有肩膀來扛起責難的主管，不會是我們想要盲目追隨著上戰場的那一種，我們本能會去質疑這個人的品格、可靠度，和對我們的誠意。對他的信任也會有所保留。

和這本書裡談到的其他缺陷不同，那些比較隱約；會用花言巧語包裝，推卸責任是赤裸裸的、令人不敢恭維的習慣，就跟當眾打嗝一樣引人注目。我們在推卸責任時，每個人都注意到，但沒有人會覺得你了不起。上一回有人對你說

「我覺得你是個了不起的主管，因為我們對你躲避責任的天分真是景仰極了」是什麼時候？或是「原先看起來，你似乎犯了很多愚蠢的錯誤，但是當你推卸責任，而且指出是別人的錯時，真的讓我跟著改變了想法」？

推卸責任是搶奪別人功勞相反的那個黑暗面，不是剝奪別人得勝後應得的榮耀，而是把自己失敗的羞慚錯誤地推給別人。

推卸責任奇怪的地方是，其他列在本書裡的缺陷我們很少自知，但我們不需要別人提點，也知道自己是在卸責。我們太清楚了，明知自己要肩負失敗的責任，但就是無法鼓起勇氣面對，所以就找一個代罪羔羊。

換言之，我們知道自己犯了一個人際「過錯」，但還是執意去做。

我和一名媒體高階山姆進行的，就是這個問題的輔導。山姆是公司裡的明日之星，但是執行長請我來時告訴我，這個人領導能力中有所缺乏，我的任務就是要找出為何大家不喜歡追隨山姆的領導。

我向他的同事調查了一下，很快就理解問題和成因。山姆在募集人才的品味無可挑剔，社交技巧也很好，能夠處理需費心經營的製作人和文案人才。談到讓一個接著一個案子起動，他是很有點石成金的能耐，看起來，似乎完美無缺。他也喜歡鼓吹零失誤，而他所向無敵的自我形象，事實上也正說明了他為何能迅速崛起攀升到公司的最高階。他顯然是個贏家，一個前途無量的人。

但是零失誤的概念卻是山姆的致命點，一個自認不會犯錯的人，通常不能承認他的過錯。對山姆的回饋上說明了，當他的案子遇到困難、點子行不通的時候，他就會落跑。當偶然的敗績成形時，就像很會挑人才一樣，他也很擅長鎖定代罪羔羊。

這就是他卸責的方式，不消說，這不會讓員工更想親近他，或是覺得他的領導技巧高超。

當我和他一起坐下來檢視這些回饋時，他說：「我不用聽結果，我知道你了解的事情，大家會說我沒有肩膀。」

「沒錯，」我說：「他們說你會推卸責任，結果，你失去了他們對你的尊敬。這種行為會讓你無法在這裡或其他任何公司往上爬。為什麼你明知道，卻還是這樣表現呢？」

他靜默，就連現在，回饋已明擺在桌上，山姆還是很難承認他有錯，但現在只有他和我在一起，沒有人可以當代罪羔羊。

我環顧他的辦公室，看到他有一些棒球紀念品，決定用棒球的比喻，讓他更能進入討論。

「沒有人是完美的，」我說，「沒有人可以永遠不出錯的。拿棒球來說，各種聯盟賽幾百萬場球賽下來，稱得上完美的不到三十場。沒有安打、沒有保送、沒有人上一壘。就算是最棒的打擊手如泰．柯布（Ty Cobb）或是泰德．威廉斯（Ted Williams），在他們最巔峰的那幾年，百分之六十以上的時候都會被三振出局，你憑什麼認為你的表現會好過威廉斯？」

「我有想要維持完美的性格，」山姆說，「於是把不完美的都推給別人。」

我們接下來的一個小時內，討論了山姆的矛盾，想要完美無缺的慾望讓他在同事眼中反而製造更大的缺點，山姆原以為這樣做可以挽救名聲，但別人都覺得他在推責任。這種討人厭的行徑把山姆的優點一筆勾消。

當然，諷刺的是，完美無缺是一種迷思，沒有人期待我們當聖人，一旦我們犯錯時，自然也期待我們能扛起責任。這樣想來，犯錯是一個機會，可以展現出我們是什麼樣的人及領導者。顧客判定一個服務業的好壞，比較不在於沒問題發生的時候（顧客本就如此期待），而是這家企業在處理失誤時的態度，**在職場上也一樣，你能不能好好一肩挑起錯誤，比起你面對成功的狂喜，更能令人有好印象。**

一旦山姆看清了，卸責使他的生涯陷入危機，更正的流程就啟動了。這不難做到，只是需要時間，山姆必須為了他以往的行為，向所有的同事道歉。他承諾將來要做得更好，他邀請同事來協助他改變，甚至提供想法給他，好讓他可以變成更好的領導者。他感謝他們願意幫忙，不論這些建議是否都是對的，而且他要有始有終地進行，如果再犯，山姆所有的努力將付諸流水，得重新再來。經過一段時間後，在山姆誠懇地努力執行這個策略後，他卸責的名聲開始淡化了。

十八個月之後，我再向他的同事們蒐集回饋時，山姆在負責態度的項目上幾乎滿分。

如果推卸責任是你的挑戰，你也許已經知道自己犯了錯，我在此的目標是要幫助你看出，除了自己以外，你並不能愚弄到任何人，而且無論你自以為隱藏地多好，終究會愈走愈沒路的。

第二十個習慣：過多的自我

每個人都會定義哪些是屬於「我」的行為，長期下來的行為，不論是正面或負面的，我們會把這些當成自身無法改變的本質。

如果是長久以來都不太回別人電話的，不論是因為太忙，或單純因為沒禮貌，或是認為如果別人真的需要告訴我們什麼，一定會打到找到人為止。我們每回在沒有回電時，心裡面都在放自己一馬，「嗨，這就是我，忍受吧！」要改變必須與我們最深、最真實的自我對抗，那就不是原汁原味的我了。

如果我們是無可救藥的拖拉大王，總是習慣性地打亂別人的時間表，我們會這樣是因為要做「自己」。

如果我們總是直言不諱，不論說的內容多麼傷人或是無啥助益，我們還是要行使做「自己」的權利。

長期下來，你會發現，對每一個人而言，要跨過把缺點當優點的那條界線有多麼容易，只因為那個缺點是建構所謂「我」的一部分。這種對自己本質的愚忠，這種過度強調「我」，是要進行長期正面行為轉化的最大障礙。但原可不必如此。

幾年前，我協助一名高階主管，從他的書面回饋上看來，主要的問題是不肯給予下屬讚賞。

在我和他一起看這些得分時，我說：「這點真的很凸出，你在七個重要領域都有超高得分，然而卻在給予正面讚賞的這項上，沒有人認為你有做好。」

「那你要我怎麼做？到處去給予他們不應得的讚美，」他問，「我不想像個偽君子。」

「這就是你的藉口嗎？你不想當偽君子？」我問。

「沒錯，我就是這個意思。」

我們這樣來來回回一會兒，他拼命辯護為何在給予讚賞這項得分超低的原因。他的標準很高，別人很難完全達到他的要求。他不喜歡浮濫地給予讚美，因為這會讓得來容易的讚美變得廉價。他認為凸顯某些人也會弱化團隊，這些長篇大論中浮現的盡是詭辯和合理化。

我最後制止他說：「不論你怎麼說，我都不相信要你讚美別人有什麼難的，也不相信你真的覺得這樣會害你變成一個偽君子。真正的問題是，你對自己是誰有所設限，你將偽君子定義成任何不是……你的東西！當你讚美別人時，你會想『這不是我』。」

所以我開始幫他一起來想這個問題的答案，「為什麼這不是你？」

分數證明他的很多特質都顯示他是個很正面的人，他接受這個說法。我要協助他改善的部分是，讓他可以多放一個定義在自己身上，他可以把自己視為很能夠給予讚賞的上司。

我問他：「為什麼你不能也是這樣？這樣會不道德或犯法嗎？」

「不會呀。」

「有正面的肯定，他們會不會更求有好表現？」

「有可能。」

「你為什麼不開始這麼做呢？」

「因為，」他笑了，「那就不像我了。」

那就是轉變的契機開啟的那一刻，他了解到**這種嚴格遵守的自我定義其實是沒有意義的虛榮**。如果他可以削去「過多的自我」，就不會把自己看成偽君子。他就可以停止一直想他自己，而開始用利他的方式言行。

可以確定的是，當他放掉一些對「我」的關注，其他那些合理化的行徑會崩盤，他開始能夠看到，下屬事實上是有才有能，盡心努力的，所以的確也值得他三不五時讚美一下。他開始了解到，祝賀別人，拍拍他們的背，在會議上用溫暖的方式恭賀別人的成功，在一份表現其實並沒有滿分的報告上寫下「很好！」，並無損於他是個要求很高的上司的名聲。以對團隊士氣及表現的提升上來看，收穫豐碩，一年之內，他在給予讚賞這一項上，趕上其他的強項，只因為他去除過多的「我」。

諷刺的是，這些並不會讓他失去自我，他愈少把焦點放在自己身上，愈能考慮到下屬的感受，對他也就愈有利。作為一個經理人，他的人氣飆高，職位亦是如此。

如果你發現自己抗拒改變的原因，是因為緊抓一個錯誤的、毫無意義的「我」不放，記住這一點，這與你無關，而是與其他人如何看你有關。

第五章

第二十一個習慣：目標成癮

在這一部人際挑戰中，我特別給目標成癮一個獨立的位置是有原因的。單獨來看，目標成癮不算是缺陷，不像過度加值或是懲罰傳訊息的人等那二十個惹人厭的習慣，目標成癮不具互動性，不是你對另一個人做的事，卻時常是惱人行為的根本原因。目標成癮將我們變得不像自己。

做為一個驅策自己成功的人，我們接受目標成癮這一個似是而非的人格特質。這股驅力讓我們在面對任何難關時，仍能鼓舞自己把工作完成，而且漂亮交差。

大多數時候，這都是項寶貴特質，你很難因為有人做事要求百分之百完美而去批評他（尤其在你想到另外的選項是草率了事時），然而做得太過時，這卻可能成為失敗的主要原因。

用最寬鬆的解釋來說，**目標成癮是指即使要犧牲一個較大的使命時，也要戮力達到成果的那股動能。**

那是由於誤解了我們想在生命裡追求什麼。我們以為如果賺了更多錢、減肥十公斤、或得到較大的辦公室，就會真正快樂（或至少比較快樂）。所以，我們不計一切追尋這些目標，我們不喜歡的是，在沉迷賺錢很久以後，可能忽視了所愛的人，例如家人，那其實才是我們想得到財務安全的理由；極端的減肥手段可能讓我們反而對自己身體造成更多傷害；想得到更大的辦公室，可能必須踐踏那些將來我們想待得住那間辦公室或繼續往上爬時，在工作上必須得到他們支持及信賴的同事。我們拿著一張指出方向的地圖，結果來到一個錯誤的地點。

這也是導因於誤解了別人對我們的期待。老闆說，今年得要達到百分之十的業績成長，所以一旦不能達到目標時，目標成癮的習慣迫使我們採取爭議的、不誠實的手段來達成目標。換句話說，認真追逐別人為我們設下的困難挑戰，將我們變成作弊的人。如果你進一步檢視這件事會發覺，我們不是真的沉迷於達到百分之十的成長；我們真正的目標是取悅老闆。問題是，我們要不就是看不清這點，要不就是拒絕承認。這樣下來，價值體系亂了套還會奇怪嗎？目標成癮扭曲了我們的是非觀念。

於是，在我們頑固地追求這些目標時，吃相難看。對於可以幫助我們達到目標的人，我們禮遇，擋在路上的石頭就一腳踢開。有意無意間，我們變成自私的陰謀家。

來看看我輔導的一名叫甘娣絲的行銷主管的例子，不論從哪一方面來看，甘娣絲都是海報上那個「人生選擇以上皆是」的幸運兒。她三十八歲，婚姻美滿，有兩個健康活潑的小孩。她精力充沛、能力卓越，公司甚至派兩名助理給她。她的下屬崇拜她，覺得她創意十足而且冷靜穩健，也欽佩她能一再創出更好的成果。她總是能達到業務目標，不僅如此，她的辦公室堆滿專業雜誌頒贈的獎章，如「年度風雲行銷主管」之類的，執行長把她視為當然接班人。

那麼，這張圖畫的哪一部分出了錯？甘娣絲留不住底下的人才，很多下屬要求轉調到別的部門或乾脆離職。我的任務是要去了解，為何大家不想跟隨一位顯然是明星的主管？

我去詢問甘娣絲的同事時，沒有人想要指責她旺盛的企圖心，他們盛讚她對自己有十分明確的目標，她想在她的領域中成為一個「超級巨星」，她也穩健地往這個目標邁進。但是目標成癮讓甘娣絲原有的陽光、樂觀性格所散發出來的溫暖大打折扣。她對下屬的態度變得強硬、冷酷，有一個員工打趣說：「把半打啤酒放到她心臟旁邊，會變得夠冰涼。」

我再挖掘深一些時，發現對於甘娣絲一致的抱怨是，她總是要站在每一件功勞的正中央，霸占鎂光燈。問題不在於甘娣絲吝於給別人讚美和認可，如果她的下屬提出一個很棒的行銷活動，她會不斷給予稱讚，然而，當向上級主管邀功時，她總是霸占住正中的位置。

這就是她的缺點，目標成癮讓甘娣絲變成搶功大王，甚至會搶占不屬於她的功勞。

假如我可以讓她看清想成為明星的目標，相對於成為一個有效能的領導者，是一種妨礙，那麼事情就能回歸到正確的位置。她就不會不計一切去盜取別人的功勞，而是去學會接受：他們的成功證明了她是個稱職的領導者。

就像我說的，這就是我為何會給目標成癮一個特別的角落，這個本身不是缺點，而是缺點的源頭。這個驅力扭曲了我們原本足堪表率的才能和善意，變得不值得稱頌。

追求夢想是一回事，但過度追求、變質為惡夢就不好了。

拿電影《桂河大橋》(*The Bridge on the River Kwai*) 為例，亞歷．堅尼斯 (Alec Guinness) 以上校尼科遜一角得到奧斯卡金像獎最佳男主角，片中，堅尼斯飾演一名置身緬甸的戰俘上校，被迫要帶領一群戰俘為日軍建造一座橋。堅尼斯是一名榮譽感很高的軍官，追求卓越，是個絕佳的領導者，所以有一身使命必達的本事。因此，他不只是建一座橋，還是建一座美麗的橋。在片尾，他發現自己處於一種絕境，同儕想毀掉橋來阻止日軍的火車，他卻想要保護這座橋。他最後一刻才覺醒讓人嚇出一身冷汗，在他要炸毀這座橋之前，他說出的那句經典台詞：「我到底做了什麼？」他是那麼專注於「蓋橋」這個目標，然後忘了要打贏戰爭那個更大的使命，這就叫目標成癮。我們不計一切要得到好的成果，結果卻對組織、家庭、和自身造成更大的傷害。

華爾街大道上充斥著目標成癮的受害者，我問過一名非常努力上進的交易員：「邁可，為什麼你永遠在工作？」他回說：「還有為什麼，你以為我喜歡這個鬼地方？我努力工作是為了想賺大錢。」

我繼續追問：「你真的需要這麼多錢嗎？」

「現在是啊，」邁可扮個鬼臉，「我才剛離第三次婚，每個月有三張贍養費帳單要付，都快破產了。」

「你為什麼會一再離婚？」我問。

回答伴隨著一聲唉嘆：「每一任老婆都一直抱怨我總是在工作，她們真的無法理解要賺這麼多錢不容易。」

如果這種諷刺性，或說沒能看清這層諷刺性，不是這麼令人痛苦的話，這種典型的目標成癮真值得大笑三聲。

最具諷刺性的目標成癮例子之一是「好心的撒瑪利亞人」實驗，那是達利（Darley）和貝特森（Batson）一九七三年在普林斯頓進行的研究。在這個廣泛被援引的實驗中，一群神學系的學生被告知，他們必須穿越校園去進行一場以「好心的撒瑪利亞人」為題的福音。實驗的一部分，有些學生被告知他們已經遲到了，所以要趕快抵達現場，他們認為有人在等待他們。在前往教會的路上，達利和貝特森雇了一名演員扮演一個咳嗽不止、痛苦不堪的「待援者」。普林斯頓神學系被告知已經遲到的學生中，百分之九十都在匆忙穿過校園時，沒去理會這名痛苦的待援者。這個研究指出：「事實上，還有些時候，急著趕路去講『好心的撒瑪利亞人』這個主題福音的神學學生，真的用腳跨過這名待援者。」

我猜這些學生中，就算有也極少是「壞人」，就像上校尼科遜，他們可能很有道德感、很善良，深深相信助人的重要性，但是目標成癮搞亂了他們的判斷力。

甘娣絲、上校尼科遜、邁可、神學系學生究竟是怎麼了？

他們追逐鎂光燈，他們置身於壓力中！他們很急！他們有截止日期要趕！他們想做他們認為很重要的事！別人要依靠他們！

這些都是導致目標成癮的典型狀況，很會鎖定目標、自我管理奇佳、無可救藥的目標成癮！近視嚴重了！

這些配方剛好可以調製出災難。

甘娣絲在往上爬，但踩著支持者上去；上校尼科遜在蓋橋，但不是在打贏仗；邁可在賺錢，但賠掉婚姻；神學系學生準時出席布道會，但沒有以身作則。

藥方很簡單，但不容易，你必須退後一步，深呼吸一口，然後仔細看，把讓你沉迷於錯誤目標的狀況理清一下。

問問自己：你何時處在時間壓力下？何時很趕很急？或是在做你被告知很重要的事？或是有人在仰賴你？

可能的答案：一直都是如此。這些都是目標成癮的典型狀況，我們每天、每分、每秒都在面對這些狀況，躲避不了。所以在工作上反省很重要，和我們想要的生活比照一下，然後想：「我在做什麼？」以及，「為什麼我要做這個？」

問問自己：「我是不是在成就小事，卻忘掉組織的大事？」

你是不是為了家計賺錢，卻把要扶養的家人拋諸腦後？

你是否為了準時對員工開講，卻忘了以身作則？

在無數的努力和展現了超凡的能耐之後，你不會希望發現自己落入絕境，然後才問：「我到底做了什麼？」

第三部

我們如何變得更好

在這裡我們可以學習一個方法，
用七個步驟改造我們的人際關係，
而且可以永遠不必擔心故態復萌。

深吸一口氣。

在前一部所寫的有沒有嚇著你？我描繪的工作場景是不是充斥著異常人格，讓你懷疑到底明天該不該再去上班？

沒這麼糟。

如果你退後一步，看看這些人際缺失，主要都圍繞著兩個熟悉的元素：訊息和情緒。

新聞記者暨小說家湯姆·沃爾夫（Tom Wolfe）有一個他稱為「資訊強迫症」的理論，他說人有一種強烈的需求，想要告訴你一些你不知道的事，即便有時候不說還比較好。新聞記者若沒有資訊強迫症的現象存在可能很難生存，別人不會打電話告訴他一個好的新聞題材、同意受訪、透露公司祕辛，或說出一些很值得摘錄的話。

同樣的強迫症在我們的日常生活到處開花，正因為如此，我們喜歡在派對上向朋友誇炫自己知道的祕密傳聞（即使心裡也覺得打招呼的時間有點過長）；同事們喜歡在茶水間講八卦（就算明知道這些八卦可能會跑進當事人的耳朵）；或是朋友要巨細靡遺地描述他們的健康狀況或是在乎的人（然而換聽話的一方想分享類似故事時就把耳朵關起來）。正因如此，「過多的資訊」才會滲入日常的談話中。我們都有一種強烈想要展現或分享自己所知的慾望，而且做得很過火。

仔細研究前述二十個惱人的習慣，你會發現，其中至少有一半根植於資訊強迫症。當我們加值、打分數、惡言批評、聲稱自己「早就知道了」，或是解釋「為什麼那個行不通」，都是在強迫分享訊息。我們告訴別人他們所不知道的事，深信我們能讓別人變得更聰明，或啟發他們做出更好的表現，雖然結果適得其反。同樣的，當我們不讚賞別人、搶別人的功勞、拒絕說對不起，或是不表達感謝，就是在隱藏資訊。

分享或隱藏，是同一枚生鏽錢幣的兩面。

其他的習慣則根植於另一種強迫症，肇始於情緒。當我們生氣、偏心或懲罰傳遞訊息的人，我們就是在情緒面前俯首稱臣，而且還展示給全世界看。

資訊和情緒，我們要不就分享，要不就隱藏。

這沒有錯，假使我們不了解如何分享或隱藏資訊的話，這個世界會變得更危險、更無趣。分享對人有益的訊息很好，同樣的，會傷害別人的就該隱藏（這就是為什麼很多祕密應該要繼續是祕密的緣故）。情緒亦然，有時值得分享；有時完全不值得分享。

擔心過多資訊會讓這個觀點變得太複雜，我在此只再增加一個點，當我們在處理資訊或情緒時，必須要考慮到，我們的分享是否恰當？

恰當的資訊是指任何似乎可能可以幫上別人的東西，但如果過了頭，或是冒著傷害別人的風險，就突然變成不恰當了。討論對手公司的好運道可以是正面的，前提是因此能讓你的人真正更兢兢業業，但若有破壞別人名譽時，那通常就是不恰當的。提供指導通常是恰當的，但有其限度。就像有人告訴你怎樣抵達他家的捷徑，然後又再告訴你一路上每個可能會轉錯彎的地方，後面這些就是不恰當的。到了某個程度，得到太多細節和紅旗幟，你會迷路、搞混、或是疲累到根本不想走這一趟路。

情緒也是一樣。愛通常是一種恰當的情感；怒氣則不然，說「我愛你」也可能會不恰當，如果我們把它當成家常便飯，或在一些令人尷尬的時候說。相反的，怒氣若是在適合的時刻灑上一些，也可能是個好工具。

在分享資訊或情緒時，我們必須問自己：說這些恰當嗎？應該透露多少？

我知道牽涉到這樣的敏感議題，這些歸納恐失之泛泛，但至少可以提供一些成因來了解這些挑戰。我們不是在切除根深柢固的心理「腫瘤」，只是在問些關於基本行為的直率問題。

說這些恰當嗎？

應該透露多少？

假如你不暫停一下，將第三部的七個章節列為行為指南，你可能會表現得更糟。由回饋到前饋，我會說明如何找出你的缺失，然後判斷重要與否，最後改變你會冒犯到別人的行為，這樣一來，你不但會變得更好，而且你的同事也會注意到你有改變（非常重要）。

第六章

回饋

回饋簡史

回饋一直與我們相隨，打從第一個人跪在水窪旁喝水，然後從水面照見自己的身影開始。設計來幫助經理人向上提升的回饋直到前一個世紀中葉才出現，也是第一回出現建議欄。回饋變得較有分量是最近三十年來的趨勢，一般稱為三百六十度回饋，因為採樣的對象來自組織的各個層級。在更好的方式出現前，密而不宣的三百六十度回饋會是成功人士想找出工作關係中的缺失時，最好的方法。

成功人士面對負面回饋時通常只有兩個問題，然而卻是大問題：一、他們不想聽別人告訴他們，二、我們也不想告訴他們。

要了解人為何不想聽到負面回饋很簡單，成功人士對他們的成就有種不可思議的錯覺，在最成功的那一個階層中，百分之九十五的人都深信自己的表現屬於他那個階層中的前半部。儘管統計上來看是不合理的，但在心理上卻為真，給予別人負面回饋意思就是「證明」他們是錯的，向成功人士證明他們是錯的，效果正如要讓他們改變一般，不會發生。

回饋一般而言無法到達成功人士的耳朵裡，即使我們採取明顯看來合情合理的原則，以去除回饋的針對性。也就是說，對事，不對人，仍是窒礙難行。成功人士的自我認知常和他們的作為綁在一起，所以你以為要他們接受生命中最重要活動的負面回饋，而不會覺得是衝著他們來的，實在是太過天真的想法。

基本上，我們接納和自我認知相符的回饋，拒絕接受不相符的。

要了解我們不願提供回饋的原因也很簡單。在大公司裡，成功的人比我們有勢力，薪資、職位和工作保障度都比我們高，這些人愈成功，就愈有勢力。把這點加上可以預期到的「殺死來使」的自然反應，可以了解為什麼國王一直都沒穿衣服坐在大位上。（抽查一下：上一回你費盡心思去證明老闆錯了，結果他幫你升官是什麼時候？）

我對傳統式面對面提供負面回饋有些意見，因為那些多半都是著眼於過去的事實（而且是失敗的），並非是正面看未來。我們當然不能改變過去，卻可以改造未來。負面回饋的存在是要證明我們錯了（或至少很多人都會這麼看），有些人還會用回饋來強化我們對失敗的挫折感，或至少讓我們重新回想起它，而我們的反應極少是正面的。（抽查一下：當你的另一半或夥伴提點你的缺失時，多少人能夠心平氣和去回想？）

最可能的情況是，負面回饋會讓我們把自己封閉起來，縮回自己的殼裡，把世界往外推，這樣的氛圍中，改變很難產生。

不過，回饋的壞處我們已經談得夠多了，我並不想證明負面回饋會讓人失能。回饋對於告訴「我們在哪裡」是很有用處的。少了回饋，我沒有辦法幫助客戶，我不會知道別人認為我的客戶需要做出什麼樣的改變。同樣的，沒有回饋，我們不會得到結果，沒有辦法法記錄成績。我們不知道自己是變好還是變壞，就像銷售人員需要暢銷清單、領導者需要知道下屬對他的觀感，我們都需要回饋來知道自己的位置、需要往哪走，以及衡量自己的進步程度。

我們要的是客觀、有用的回饋，這不容易尋得，但我可以提供一定奏效的工具。

四張保證書

當我輔導客戶時，一定在一開始就由他的許多同事那兒取得祕密的回饋，最少的一次是八個，最多的一次是三十一個，平均是十五個左右。受訪者的數目取決於公司的大小，以及職務的高低。在進行訪談前，我邀請客戶一起決定誰應該受訪，每次訪談約歷時一小時，主要針對以下這些基本問題：我的客户哪些地方做得很好？哪些地方需要改變？我那個（通常已經很成功的）客户可以如何變得更成功？

目前，我親自輔導的客戶若不是執行長，就是在大公司裡有可能接任執行長的人。如果我的客戶就是執行長，我會請教他應該訪問哪些人；假如他不是執行長，那麼執行長必須批核受訪名單。（我不希望執行長覺得我遺漏了重點人物。）為何很多人質疑回饋的可信度的主要原因，是認為那是由「一群不適合的人」所發表的意見。客戶既然選出了他們的評分員，自然也很難否決這份回饋的有效性。

有人問我，我的客戶中是否曾經有人只「挑選他的朋友」，刻意避開一些可能較挑剔的人，理論上，這個可能性存在，但是我卻從未碰過這種情況。

在訪談過程中，我鼓勵每一個名單上的人來幫助我，我希望他們提供協助，而不要妨礙這個改變的過程。我想讓這些同事知道進行的過程，我會說：「接下來一年左右，我會輔導我的客戶，如果他的狀況沒有改善，我就會收不到錢。『改善與否』不是由我判斷，也不是由我的客戶判斷，『改善與否』是由你和其他參與這個過程的同事們所判斷。」

這些評分員通常很喜歡這個主意，人喜歡聽到他們是顧客方，而且有權利來決定我是否能收到錢。話說回來，如果有任何改變發生，這些評分員是可以嚐到甜頭的，因為他們會擁有一個比較好的老闆和工作氣氛。

我接著對這些同事們做出四點要求，我稱此為四張保證書，我要他們保證：

一、既往不咎。

二、說實話。

三、支持並協助，而非負面又挑剔。

四、自己也找件事作改進，這樣每個人都忙著「改進」，而非「說是非」。

幾乎每個人都毫無例外地同意了我的四項要求，在一些案例中，有些人的同事就是說「不」，他們覺得無法「原諒」過去，來幫助我的客戶變得更好，在這些案例中，他們已經在心裡把我的客戶「打了叉叉」。因為所有的訪談都是祕密進行的，我並不會把這個透露給客戶，我只是要求這些同事不要參與最後的回饋報告。假使我們不去幫助同事，那有什麼資格去評論他們？

沒有我在一旁協助，你若要努力改變行為時，也需要請同事這樣幫你忙。以下就是如何請認識的人同意認真協助你的方法。

第一張保證書：他們可以既往不咎嗎？不論你以往冒犯他人的真正假或想像的罪過是什麼，都已經早就超過能修正的期限了，你沒有法子將那些一筆勾消。所以，你必需請別人既往不咎，說來簡單，但做來不易。大多數的人從來不原諒自己的父母，只因為他們不完美；我們也不原諒自己的孩子，因為他們不夠符合理想；我們不原諒另一半，因為他們不是完美伴侶。我們經常也不原諒自己的不夠完美，但是你必須得到這張保證書，否則，你無法將別人的心態由批評轉為協助，有個朋友說了這句智慧的話：「原諒意味著放棄想要一個更好的昨日的念頭！」

第二張保證書：他們會發誓說真話嗎？你不會希望，根據別人告訴你哪裡做不好，而努力尋求改進了一年，卻發現他們只是隨口說說。他們只是信口胡扯，說些他們猜測你想聽的話，這就是浪費時間。我不是好騙的人，我知道人可能會不誠實，如果你請求或要求別人要誠實，就可以自信地踏步，知道走對了方向，而不會到頭來驚覺被愚弄了。

第三張保證書：他們會溫暖地支持你嗎？而不是持懷疑、批評、論斷的態度？這不是個容易達到的要求，尤其對方是職位低於你的人時。人會尊敬和喜愛上司，也會懷疑或憎恨上司，所以你必須將他們任何批判的衝動從等式中移除，這樣做，他們會更幫得上忙。到某個程度，他們會明白，你做愈多改進，他們也會贏得更多。他們會得到一個更慷慨、可親、完美的老闆。

第四張保證書：他們是不是也找件自己可以改進的事來做？這是張最微妙的保證書，只不過聽起好像會對你的同事要求過多。你真正在做的是，與另一人之間創造出一個對稱、甚至是一種連動。想像一下，如果你有一天走進辦公室，然後宣布你要開始節食，大多數人的回應通常是大打呵欠。但假如你宣布這個計畫，然後要求一個同事幫你，例如，幫忙監控你的飲食習慣，盯著你做，又會如何？多數人喜歡協助朋友，你可能會得到更多人的參與，並且真正關心你的目標。最後，如果你增加了一個戲劇性的轉折，說：「現在，你自己想改變的是什麼？我也可以反過頭來幫你？」如果你這樣做，完全不用擔心得不到協助。突然之間，你和其他人地位就平等了：夥伴們都一道努力要改進自己。

假想一下，如果你和另一半都很不開心，因為體重都超重十公斤，如果其中一個人想要節食，減去超過的重量，那麼若是邀請另一位一起節食的話，勝算不是更大？突然之間，你們倆都參與了節食計畫，彼此告誡要遵守、要自律。你倆都會量量體重，看看是否達到目標了，這樣當然比較好，否則你一個人在餐桌這頭吃養生餐，你的親密愛人卻繼續吃著當初讓你們變胖的食物，這樣兩個人會漸行漸遠。這種作法前途堪虞，因為一定有一個人會感到沮喪，比較可能是兩個人都會如此。

最後這張保證書是最後一塊拼圖，讓這個過程變成是有來有往的交換。

如果你想讓別人伴隨你走過歷時一年到一年半的路程，這點很重要，我很早就從客戶身上學到這點。當初要找出給予回饋的人選時，看似最合理的應是找出可以幫他的表現打分數的人，畢竟，這些同事正是告訴我這個傢伙需要改進什麼的人，難道他們不是處於最佳位置，好來告訴我是否他有變得更好了嗎？所以我就必須把他們請進這個過程，讓他們也來幫我。我告訴每一個同事關於我客戶的改造計畫，然後請他們務必保證幫助他。我當時按科學精神嚴格遵守和執行，我要這些填寫第一張成績單的人，也填所有的成績單，這樣可以讓結果更可信賴，然而，我這樣小做實驗，從錯中學之後，才了解到把其他人拉入計畫中的重大好處，尤其對方也保證要改進自身的缺失時，這讓整個經驗活絡起來。客戶不僅因為同事的支持而變好，而同事也在協助的過程中學習並受益，這是很微妙又豐富的互動效果，證明了改變不是單行道，它牽涉到兩造：改變的人及注意到發生改變的人。

當你開始自我的開拓工程時，不要省略第四張保證書，對於改造自己以及將來可以判斷改變是否發生的人，都給予同等重視。你和幫你的人在這個脆弱的等式兩端是平等的，你不可能在任何互動中不去管「別人」，然後覺得自己已經完成了某種「人際間的」或是牽涉到「互動」的事物。

然後，這時才可以有然後，你才準備好去蒐集有關自己的回饋。

要找出一些人來告訴關於我們的資訊不是難事，只要找對地方。

告訴你這四張保證書，不是誇耀我的方法是如何嚴謹，而是在決定你要哪些人提供回饋時，應該採取的標準。

第一個跑進名單的可能是你最好的朋友，我們在工作上應該都有一個好朋友，一個我們不同他競爭，對我們的成功他不會介意，以我們的利益為考量的人。光憑這樣的定義，這個人就可以符合四張保證書的要求：

如果他是最好的朋友，他對我們共同的過往不會介意，所以不會舊事重提，拿那個來抨擊我。

他和我的交往感覺自在，沒有撒謊的動機，他會想要誠實無偽地發言。

他就是會在一旁支持我的人。

他會想一道進入改造計畫。

這會是我的首要選擇，但不一定非得是你的。

列一張至少有一打左右、和你職涯相關的人選名單，可以是同事、下屬、顧客、客戶，甚或你的死對頭。只要他們是有辦法觀察你的行為的人，就符合資格。然後拿這四張保證和每個名字逐一比對，任何人若能完全符合這四張保證書，他們就是值得徵求回饋的人。

請像在挑選法庭陪審團員一樣看待這件事，因為事實上這兩者本質上差不多。

記住，這個過程（特別是一開始）不應該很難，得到回饋應該是簡單的部分，要處理它才比較難。

別在得到回饋後立即表達你的意見

很多年前，我和一個名律師共搭一部電梯，他當時已經快九十歲了（但還在執業）。電梯門開了，有個男人抽著菸走進來。(那是八〇年代早期，全球幾乎都還沒有普遍禁菸。）這名律師慌了，他對菸味過敏，試圖要跳出這部窄小密閉的電梯以免聞到，但太遲了，電梯門關上了。

「你還好嗎？」抽菸的人問律師。

「你知道，你不該在電梯裡抽菸，」他告訴這個男人，「這是違法的。」

男人說：「你是誰呀，律師嗎？」他不想道歉或捻熄菸頭，顯然打算和這個律師爭辯，捍衛他的抽菸權。

「這真是令人不敢置信，」律師說，「你這副興師問罪的樣子好像錯的人是我，本來是你犯法，只因我剛好在這部電梯裡，現在你倒變成了受害者。」

這是那種很激怒人的小事件，恰好提醒我們，人可以多麼護衛自己，不論自己是對是錯，尤其是在做錯的時候。

每當別人要求我給建議，在我給了之後，他們都會對我的建議予以抗辯，這時我就會想起電梯裡這一幕，「真是令人不能置信，」我說，律師的話語迴盪在我耳朵裡，「是你問我意見，現在卻和我爭辯！」

這無異於當我們和給意見的、提供回饋的、原本要幫助我們的人爭辯的行為。我們每回要求回饋，卻不假思索地表達自己的看法時，就是在做這樣的事。當我們問朋友：「這種情況下，你認為我應該怎麼做呢？」當我們的期望是要得到一個答案時，就該通盤考量這個答案，然後接受它。不要開啟一場辯論。

但是我們從別人那要了回饋，然後立即表達自己的意見，就是在開啟辯論。尤其當我們持相反看法時尤其如此（「這個我不大確定……」）。不論我們怎麼說、姿態多軟，我們的意見聽來都會充滿辯駁，像是在把事情合理化，在否認、反對，或是抗議。

別再這樣做了，要把每一個建議當成是禮物或讚美，然後說：「謝謝。」沒有人會期望你要按照每一個建議行事，如果你學會聆聽，然後按有道理的建議行事，周圍的人就會樂翻了。

回饋時刻：如何蒐集有效的回饋？

當我在輔導一些主管時，這項工作的頭幾個小時就是去看三百六十度回饋的結果，我不想要把這個過程搞得太複雜或太神祕，它其實很單純。有了客戶的協助，我找出每天可以看到他人際互動狀況的同事，這些是評分員。我用四張保證書篩選過，然後請他們填一張領導力問卷。有時，上頭的問題是為了反應公司的價值觀和目標而量身訂做（例如在奇異〔GE〕，團隊精神和跨部門的資訊分享很重要，而在其他的公司則可能把顧客滿意度擺在第一）。

問題都很簡單，就是這個有問題的主管是否：

- 有清楚傳達願景。

- 尊重別人。
- 會徵求不同意見。
- 會鼓勵別人發表看法。
- 在會議中能聆聽他人的發言。

諸如此類的事情。我請大家用具體數字來為同事評分，這樣一來，一張統計圖便浮現出來，通常就會透露出有一、兩個出問題的部分。一項調查顯示，美國有一半左右的公司用類似的機制來評核員工的表現和態度。萬一因為某種原因，讓你覺得這種方式很困難，我在附錄放進了一個包含七十二個問題的「領導力問卷」，你就可以理解這個領域的專家是怎麼操作的。

我並不是要請你變成一個「回饋達人」，必須這樣做的原因是，無論進到哪家公司的大門，我都是初來乍到，對客戶的歷史不太清楚。從未和他共事，在見到他之前，只有他的老闆告訴我一些資料，除了召集自願軍外，我沒有別的選項。

也就是說，假使你待在一家公司大到人資部門成員有三人以上的話，你也許都曾參與過類似三百六十度回饋這樣的活動。

就算你不曾，我們對回饋這種事也很熟悉，不論我們是不是以這個名詞來形容它。

我們都享受過老闆對我們表現的讚美，這是回饋。

我們都經歷過薪資調整，這是最直接的回饋。

如果我們在業務部門，都看過針對我們表現反饋的顧客調查，這是回饋。

每季的銷售會議上，當我們的業績拿來和預估及責任額相比對時，我們必須安坐以對，那也是回饋。

我們必須一天到晚聆聽自己的表現如何，而我們之所以接受這個回饋，並試圖回應（尤其在業績不好看時，我們會盡全力讓數字好看一點）的原因是，我們接受這個過程：一個有權威的人物幫我們「打分數」，而我們也因此打算要做得更好。

這和互動行為不同，那些很模稜兩可、主觀、無法量化，而且隨人定調，但卻不會因此而顯得較不重要。這是我的論點，也是這本書的理論基石，那就是：**人際行為是卓越和接近卓越的分野嶺，是要拿金牌或銅牌就好的最後一哩。（你爬得愈高，碰到的愈會是「行為議題」。）**

那麼，倘若我們既不會這個技術、又沒有資源、也沒有機會請夥伴們提供意見，我們要如何得到這個亟需的回饋呢？我們懂得什麼是回饋，卻不懂得如何取得。

基本上，回饋以三種形式出現：徵詢來的、未經徵詢來的，以及觀察而來的。每一種都很好用，當然有些會因人而異，我們不妨好好來檢視一下，找出最適合你的那一種。

徵詢來的回饋（懂得如何問）

徵詢來的回饋顧名思義就是這麼一回事，我們去問別人對自己做錯某事的意見，聽來容易，有問題嗎？我通常不這麼樂觀。

我不是在說你自己動手的話無法複製我的回饋取得系統，你有可能找到一打認識你的人，讓他們通過四張保證書的考驗，然後請他們填張問卷，談談你應該如何做會變更好。

我唯一的擔憂是不能確定你會：一、問對人，二、問對問題、三、正確解讀回答，或四、接受他們是正確的。這呼應了我對負面回饋的看法：我們不想聽，而別人不想說。

在我的經驗中，徵詢回饋最好的一種是祕密回饋，原因是，沒有人會因而變得尷尬或想袒護自己。這樣就沒有情緒問題，因為你不知道要去怪誰或去恨攻擊你的人。在最佳狀況下，你根本不覺得受到攻擊，只是在汲取誠實的建言，而且是你自己要的！採取的是一種不記名卻善意的途徑。

唯一的問題：一個人想要單獨完成這些有點不切實際，要維持隱密性（而且避掉情緒），你需要一個公正的第三人來進行這項調查，例如我。

缺少這個條件，你必須一個一個人徵詢，但那也是困難重重。

在我的經驗裡，徵詢回饋的錯誤方法有上百種，對的卻只有一種，絕大多數的人知道的都是錯的方法。我們會問別人：「你認為我如何？」

「你覺得我如何？」

「你討厭我哪裡？」

「你喜歡我哪裡？」

這些都是交心心理治療小組為同一個問題所設計出的各種變化題，好問出人與人彼此之間的真實感覺，然而，我們不是在這裡打造心理治療小組。

如果是由一個老闆來詢問下屬，這種權力關係使得這類問題更形危險。「你認為我如何？」在一種權力關係裡，有各種因素來影響答案，因為這是有後果要面對的。知道結果會對自己不利，人就不會說實話，而且在權力關係中的弱者並沒有得到擔保，確定直言不諱不會激怒老闆將來把他打入冷宮，或更糟的，請他走路。

想到這一層，要有一個「你認為我如何？」的交心小組是想太多了。在職場上，你不必喜歡我，我們不一定要成為下了班能一起鬼混的哥兒們，只要能夠有辦法好好共事，我們到底「覺得」彼此如何，事實上完全不重要。

想想你公司的同事，有多少個是你的朋友？有多少人你願意對他吐露心事？有多少人你覺得想要和他談論心聲？答案，我猜不可能有太多個，那會是很少數的一些人，但你也許和絕大多數的同事都共事得很愉快。這種少數好朋友多數好同事的落差，應足以立即說服你：別人覺得或認為你如何並不是改進的關鍵。

在自己去徵詢回饋時，唯一有效的問題，（唯一的哦！）可以寫成這樣：「我怎樣能做得更好？」

用字遣詞上的調整是可以的，諸如：「我在家怎麼做可以變成更好的伴侶？」或「我在公司要怎麼做才能成為比較好的同事？」可以因地制宜，但你要懂得精髓，純粹坦誠的回饋才能讓改變發生，所以要做到：一、徵詢意見而非批評，二、看向未來而不是煩惱過去的錯誤，以及三、表達的方式要讓別人感覺到你會採取後續行動，你真的想要改進。

不請自來的回饋（剛好發生了）

如果夠幸運，偶而就會因某事或某人的緣故讓我們突然看到自己的缺失，或說是幫我們把對自己的一兩個錯覺移除。這不是每天都會發生的，但是當碰到這樣的情形時，要覺得很幸運並心懷感恩。

心理學家有各種歸納的圖式，幫我們看清自己，其中有一個很有趣的，就是一個簡單的四象限圖，叫做「周哈里窗戶理論」（Johari Window，根據兩個真實人物周和哈里所命名）。它將我們的自我認知分成四個區塊，根據別人所知道和不知道的我，以及我所知道和不知道的我組合而成。

根據這張圖，自己知道且別人也知道的是*公眾我*；自己知道但別人不知道的是*隱藏我*；自己不知道且別人也不知道的是*潛在我*……*無法得知的*，所以也就無關緊要。

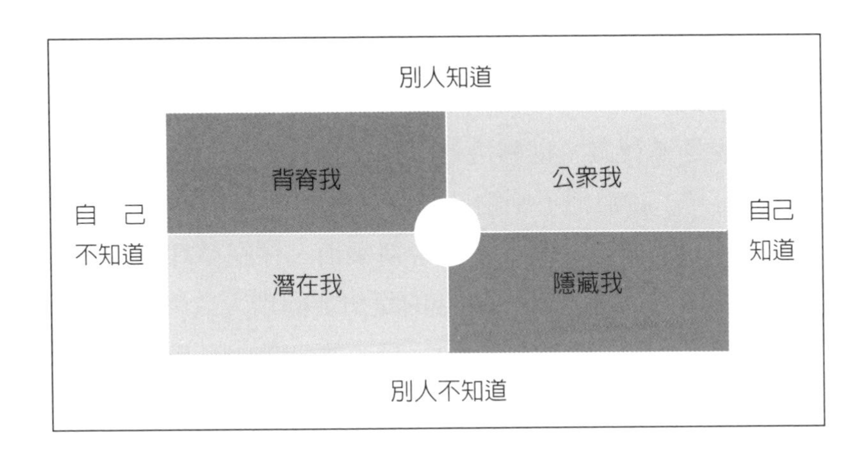

有趣的是自己不知道但別人知道的背脊我，當我們得知這項訊息時，那就是「頓悟」的時刻，重大改變才會發生。有時我們真的突然接觸到別人眼中的我們，然後才發現自己的真實面，這些揭開面紗的時刻是珍貴而稀有的禮物。傷人，也許有一點（真相經常是如此），然而卻很有啟發性。

我自己也歷經幾次這種遭遇，但其中最令我震撼的是在我二十八歲那年，當時我是加州大學洛杉磯分校的博士候選人。那是六〇年代晚期，那是標榜愛無界限及烏茲塔克（Woodstock）音樂祭的時代，我自以為比周遭的人有洞見、也更「時髦」。我相信自己對人類的了解很深入、能夠自我實現、發掘出深層的意義。我有一門小班課程，教課的老師是鮑伯．坦內彭（Bob Tannenbaum）博士，他十分睿智。他不僅在加州大學之內、甚至在全球心理學界都是個響叮噹的人物，他創造了「敏感度訓練」這個詞，並且針對這一個主題發表了舉足輕重的文獻，他是我的神。

在鮑伯的課堂上，他鼓勵我們暢所欲言地討論，我就拿這個當成是通行證，批判淺薄、物慾橫流的洛杉磯市民。整整三個禮拜，我滔滔不絕地談論洛杉磯的人有「多糟」，穿著綴有亮片的牛仔褲、開金色的勞斯萊斯、住在草坪修剪得整整齊齊的豪宅。「他們唯一關心的是想要向別人炫耀，不懂得生命裡更有深度、更重要的東西。」（要叫我擔任解析洛杉磯人的達人是很簡單的事，我，畢竟是在肯德基州的一個小鎮長大的。）

在忍耐我三個禮拜之後，鮑伯問：「馬歇爾，你是在對誰發言？」

「對全班的人呀！」我回答。

「對班上的哪個人發言呢？」

「對班上的每一個人呀。」我說，不太理解鮑伯要質疑我哪一點。

鮑伯說：「我不知道你有沒有理解到，但是每一次你發言，都只看著同一個人，你發表看法時只看向同一個人，你似乎只關心這一個人的意見。誰是這個人？」

「是這樣嗎？我想一想，」然後（認真想過以後）我說，「你。」

鮑伯說：「沒錯，是我。這個教室裡有其他十二個人，為什麼你對他們都不感興趣？」

現在我有點糗了，決定出險招，我說：「坦內彭博士，我認為你可以了解我發言中的真實價值，我認為你真的能夠了解，整天忙著去誇耀自己有多麼『糟糕』，我相信你對生命中真正重要的事有深刻的了解。」

鮑伯問：「馬歇爾，有沒有任何可能是因為，你過去三週的表現一直都只是為了讓我對你有好印象？」

我對鮑伯這樣的誤判事實很震驚，「才不是！」我說，「你沒有了解到任何一件我說的事情！我一直試著說明要讓別人覺得自己了不起，是一件多麼愚蠢的事。你完全曲解我的意見，老實說，我對你缺乏這層理解很失望。」

他瞪著我，抓抓他的鬍鬚，下結論：「沒有，我完全理解。」

我看看周圍，看見其他十二個人也在抓抓自己的臉，似乎在說：「對，我們也都理解。」

接下來半年，我恨透了鮑伯。我花了很大的精力，想要理解他的問題，了解他為何會搞錯。經過六個月的煎熬之後，我突然醒悟到，想要向人誇耀的不是鮑伯，不是洛杉磯市民，真正有這個問題的人是我。我看著鏡子，不太喜歡那個回瞪著我的人影。

回想起那時的愚昧還是令我汗顏，但是我們需要這種不請自來、痛苦的插曲，當別人透露全世界的人怎麼看我，我才能變得更好。沒有經歷過這種痛苦，也許找不到改變的動機。

這是一個覺悟的事件，不單因為它曝露出我的短淺、自以為是，也教了我兩件重要的事，爾後對我的職涯有很大的形塑力量。

一、別人要看清我們的問題比我們容易一百倍。

二、即使我們可以拒絕相信自己有某個缺點，但無法逃過觀察我們的人的法眼。

這是周哈里窗戶理論所傳達的簡易智慧：我們不自知的事，別人可能一清二楚，這點要學會。

人總是會因為自我認知和他人觀感間的落差而受折磨。我從坦內彭博士的課堂上學到的教訓是，別人的觀感通常比較真確。

這就是不請自來的回饋的價值。當我一對一輔導客戶時，在很多方面，我都是重塑類似坦內彭博士痛苦提點的情境。我試著讓他們醒悟，可以看穿第二象限的訊息，也就是別人知道而自己不知道的事實。

假使我們可以停下來、聽一聽、想一想別人在我們身上看到什麼，我們就有很好的機會，就可以比較自己想呈現的跟實際的自我之間的差距，可以開始真的做些需要的改變，拉近理想和實際行為的差距。

雖然他已經不再與我同在，我仍要說：「謝謝您，坦內彭博士。」

觀察而來的回饋（更新你的視野）

我的一個客戶，就稱他為貝利，他告訴我他在工作生涯中所得到的重要覺悟，這個事件牽涉到一名在組織層級上比他略高半階的人。

需要先了解這點，因為貝利負責了幾個執行長很熟也很親近的客戶，與公司其他人相比，他和執行長的關係更親近些。他和執行長一起出差，每天至少和執行長談過一次話，可以上達天聽的管道如此暢通，以致於他的一些同儕，那些和執行長沒有那麼接近的同儕因而懷恨在心。他們覺得因為他和執行長「交情匪淺」，可以繞過他們去巴結執行長。這不盡然為真，對貝利而言尤其如此，他從來不覺得執行長偏愛他甚於其他人。這只是眼紅，就是這麼簡單，但是這層互動使得他和同儕的關係變調，了解這一點也很重要。唯一奇怪的是，貝利對同儕的這種感受毫無所知，還以為他們喜歡他。

然後有一天，他得到一個「回饋時刻」。

在一場會議中，貝利注意到有一名資深主管彼得，很明顯地想要漠視他的存在。只要貝利發言，他就會把頭轉開，彷彿聽到貝利的聲音會讓他難受一樣。在場沒有其他人注意到這點，但只有貝利注意到了。所以接下來的會議中，他開始注意彼得的行為，然後進一步確認起初的懷疑。當彼得發言時，會環顧四周，並和每一個人有眼神接觸，但貝利的除外。就連討論到的事是屬於貝利負責的範圍時，彼得仍然不願看他。彼得的一舉一動似乎都在強調，他希望貝利根本不要在那裡。

這就是貝利的當頭棒喝。

「哦，天啊，」他想，「彼得，這個有權力阻擋我的提案的人，竟然那麼恨我！」

「直到那一刻之前，」貝利告訴我，「我都毫無概念，還以為我們是一般的同事，也共事得很愉快！」

我認為貝利抓到的這個微弱訊號堪稱重大的回饋。觀察而來的回饋，不是你去徵詢的，它並不明顯，也很難證實，但還是屬於很重要的回饋。因為這讓貝利知道他有一段破損的同事關係需要立刻修補。

我在此要很開心地報告，貝利把這件事處理得漂亮極了，他沒有進行反擊，大多數的人若得知別人對自己懷有敵意時通常會如此，他選擇把另一邊的臉頰轉向他，然後開始努力將彼得贏回自己的陣線來。

「面對彼得，我當然可以有不同的選擇，」貝利說，「我可以對他敬而遠之，儘量在工作上避開他，不理他，想辦法私下報復他。或者，我也可以讓他知道我是個朋友，不是敵人，因為我需要他的支持。我決定讓他變成朋友，於是就創造和他共事的機會，特意把業務帶進他的部門，我會讓他得知和他相關的每件事，方法是告知他最新狀況，在我的業務上也尋求他的建言。我詢問他的高見，表現對他的尊重，希望他不再把我當成隱形人。」

這個企圖花了貝利一年以上的時間，但是他出色的行為表現將敵意轉化成一個共事情誼，這兩個男人並沒有一下子好到下班一起去喝兩杯（這個要求有點過頭），但是彼得不再討厭貝利。最重要的是，他們合作愉快。

我提這個例子是因為，它展現了：一、由單一個人身上得來的回饋，不論是多麼難解及模糊，也可以像一份正式的群體回饋報告一樣重要，而且：二、不是所有的回饋都來自於問（徵詢）別人，或聽他們願意說出的話。有些最棒的回饋是由觀察而來。如果你能接受，而且據以行動，它們的有效性不比別人直截了當告訴你要差。

即使我們只是在漫不經心的狀態下，全天都可以接收到觀察式回饋。

我們在派對上和一個鄰居握手，卻注意到他不願目光相對。(嗯，我們不經想著：哪裡出問題了？)

下班後，我們拖著腳步進到客廳，十二歲大的女兒立刻起身上樓，進去她房裡。(嗯，我們想：是哪裡惹到她了？)

我們試著聯絡一個客戶或顧客，可是他都不回電話。(嗯，我們想：有人不太高興哦！)

每一天，別人都在給我們回饋，或類似回饋的東西，用他們的眼神、身體語言或回應的速度。要詮釋這種偶或的觀察式回饋需要點技巧；知道某人不對勁是一回事，但要知道為何不對勁、以及如何修補又是一回事。

好消息是，這些回饋的時刻不勝枚舉，利用一些簡易練習，我們可以運用這些，讓模式浮現，來讓我們知道每一件我們需要知道的事，然後著手改進。以下有五種方法可以幫你蒐集回饋，只需要仔細觀察你周圍的世界。

一、將別人偶爾對你的評語列成清單

我聽過一個教創意的老師給學生出過這個作業，她叫他們到街上去一個小時，找個熱鬧的公共場所，然後把每個注意到的行為記錄下來。一小時結束後，每個學生都蒐集了一百五十個以上的觀察。然後她又叫他們再去一個小時，不過這回他們只能記下他們覺得有趣的。這張清單立刻縮短了許多。突然之間，一個男人過街變得不太有趣，但是一個男人把糖果包裝紙丟在人行道上變得有趣，只因為他亂丟垃圾。她試圖要表達的是，觀察和帶著有色眼鏡觀察是兩回事。

我們每個人的生活也一樣，成天在觀察，但通常是毫無目的、不設防地在觀察。

一天就好了，寫下所有別人給你的評語。例如：「哦！這個做法真的很聰明，馬歇爾。」或是，「你遲到了，馬歇爾。」或是，「你有在聽我說話嗎，馬歇爾？」不論多麼間接，任何和你及你的行為有關的評語，都記下來。到了當晚，把這張清單審視一遍，將他們分為正面或負面的。也許有一些評語和你的遲到習慣、經常性分心、或是你沒有跟緊案子相關。這是回饋的開端，不用去徵詢，就可以學到有關自己的資訊；也就是說，這些評語的背後是沒有目的，真實無偽的。

然後隔日再做一次，隔日的隔日也再做一次。

在家裡也可以做，如果你想的話。

最後，你會集結很多有關於你的資料，任何朋友或家人都沒注意到他們在提供回饋的情況下，你就會看到你要面對的功課。

我有個朋友同時在公司和家裡試了這個方法一週後，最常跳出來的負面評語是：「對啊，你有說過。」事實上，別人是在告訴他：「你第一次告訴我的時候，我就有聽到了。」這表示別人覺得他老是要一再重複地說有點煩。

這個很容易矯正，但是如果他沒有做記錄去找出自身的負面行徑的話，他可能永遠無法得知這點。如果你有面對現實的勇氣，不妨也這樣做。

二、把聲音調到靜音

我有些客戶會做這個練習。當他們置身團體中，開始覺得無聊時，我要他們假裝在觀賞默片，他們聽不到別人在講什麼。這個練習可以強化他們對同事行為的敏感度。他們要自問：周遭正在發生什麼事？調到靜音之後，他們第一件注意到的事都一樣：大家都在推銷自己。僅僅透過這項新的觀察，他們看到別人肢體語言上的操作和手勢，好在群體中先占得優勢。他們會靠向最有權力的那個人物，規避沒有分量的人。他們用手和動作打斷對手的發言，這都和有聽見聲音時一樣，只不過靜音時，一切更明顯。

你自己也可以這樣做，然後把這當成一個回饋時刻。調到靜音，觀察別人如何用肢體語言對待你，他們是傾身向你或避開你？你發言時，別人是否在聽還是用手指頭敲著桌子等你趕快說完？他們想要贏得你的讚賞或根本無視你的存在？這些不會清楚點明你要面對的問題，卻是很好的正負指標。你將得知，在同事的心目中，你並沒有你想要有的好威望，也會知道自己還有功課要做。

另一個類似的練習是，你第一個出席會議，然後調到靜音，觀察別人一進會議室時和你的互動方式。他們的反應是他們對你的觀感的線索。他們是對著你笑，然後坐到你旁邊？還是幾乎當你不在場，坐得離你遠遠的？計算一下有多少人和你互動。假使多數人都迴避你，這是個麻煩的訊號，狀況有點嚴重了，你得費很多勁才行。

這個「靜音」練習並不太能告訴你哪裡要改進，但至少你知道從何問起，「我怎樣能做得更好？」你可以從會議裡的人開始。

三、把句子說完

著名的心理學家納山尼爾．布蘭登（Nathaniel Brandon）

教過我把句子說完的技巧，這對於深掘創意有用，對協助個人改變也是很棒的練習。

選一件你想改進的事，任何對你重要的事，從想塑身到降低高爾夫球的差點數皆可。然後把這事可以對你或這個世界產生的好處記下來。例如：「我想要讓身材變好，如果成功，有一個好處是⋯⋯」然後把句子說完。

這是一個簡單的練習，「如果我的身材變好，我會⋯⋯活得比較久。」這是一個好處，然後繼續進行下去，「如果我的身材變好，我會對自己比較有自信。」兩個好處了，「如果我的身材變好，更值得我的家人和朋友效法。」直到把所有的效益都寫出來。

把句子說完這項練習有趣的地方是，你愈向下挖掘答案，得到的就愈不是符合別人利益的，而是愈和自己相關的答案。你剛開始會說：「假使我變得較有條理，公司會賺更多錢⋯⋯，我的部門會更有產能⋯⋯，別人會更樂在工作⋯⋯等等。」到了後頭，你就會說：「假使我變得更有條理，我會成為更稱職的父親⋯⋯，更好的伴侶⋯⋯，更好的人。」

我有一回將這個方法教給一名美國海軍將領，他是一個典型的鐵齒型軍人，剛開始不能接受這個練習，我不太明白原因，但最後他軟化了，開始進行練習，他說他想要「變得比較不那麼主觀」。開始時，我可以看到他那個驕傲海軍的部分仍在抗拒，完成第一個句子，充滿譏諷，「如果我變得比較不主觀，在和總部那些小丑相處時就會少些麻煩。」第二個句子又是另一句譏嘲，第三句稍微好一點，到了第六句，我可以看到他眼裡的淚光，「如果我變得比較不主觀，」他寫，「也許我的孩子會願意再和我說話。」

這個看來像是繞一大圈，提供給自己回饋，以給建議的方式展開，然後再判斷它重不重要，但卻很有用。**當寫下來的好處變得更出乎意料、更個人化、對你更有意義時，那就是在給自己重要回饋的時候了。**那就表示你碰到了一個真的需要改進的人際技巧，也就表示確定找到要改進的東西了。

四、聽聽你放大自我的語言

我不想要太強調心理學，但是假使你曾聽過朋友吹噓他多麼守時，「你可以信得過我，我總是很準時。」你就知道守時是最不能期待他做到的事。

有沒有聽過朋友吹牛說他多麼有條理，但你卻知道他連棉被都不摺？

或是說他一定會對事情負責到底，不過人人都知道他的主動積極性大有問題？

用這種奇怪的相反心理看來，人會去吹噓的長處，通常恰好是他們最糟的弱點。

沒有人對這個現象免疫，如果在我們的朋友身上為真，也許在我們自己身上亦為真，聽聽你自己在說些什麼！你在吹噓什麼？很可能你這個對外宣稱的「優點」正如你的朋友一樣，事實上是個弱點，根本就不應該拿來吹噓。這個扭曲的方式，恰好給了自己最誠實的回饋。

我不想丟出一大堆心理學術語，但當你在說些自我貶抑的話時所展現的是同樣的心理。

當一名同事在會議上開始說：「也許我對於庫存管理不太內行⋯⋯」你可以確定他接下來的話中會暗示，他真的認定自己是個庫存管理專家。

當朋友要爭論時就會劈頭說：「我也許沒有仔細聽⋯⋯」你可以確定他打算讓你知道，他仔細聽的程度超乎你的想像。

會讓我我立刻豎起耳朵聽的是：「我說這件事不是為我自己。」你立刻就知道這完全是關於自尊的問題。

這些看似自我貶抑的發言，這些我們不是真心談論自己的話，是一種修辭技巧，也是為了在日常溝通上使我們比對手占優勢的辯論技巧，本身沒有錯。做為一個公司內部戰爭的一員，別人做這樣自我貶抑的發言會讓你提高警覺，不論他們嘴巴上怎麼說，你都知道其實他們心裡的認知是相反的。

每一個人都可能做類似的發言。當我們聽到自己做出自我貶抑的發言時，應該要提高警覺，因為那可能會給我們關於自己的回饋。當你聽到自己順口就貶自己說：「我不太會向別人道謝。」很可能你根本就不是這麼認為，但這也可能是真的，你真的誠實描述了自己還不肯承認的：你不太會向別人道謝。

當然，我不是想要將每一個聽到的評論都轉個彎，但是自我貶抑，不管是不是裝出來的，都可能是很真實的回饋，在我們的腦海中響著：「注意！這可能是值得注意的事。」

五、看看在家裡的樣子

還記得電影《華爾街》（*Wall Street*）裡高登·蓋哥（Gorden Gekko）這個角色嗎？因為精彩詮釋了這個無禮、貪婪的牟利高手，麥克·道格拉斯（Michael Douglas）還贏得奧斯卡金像獎最佳男主角。嗯，我真的輔導過一個真實版的蓋哥。

我輔導的這個人，我們稱他為邁可好了，倒不像蓋哥那麼沒有是非、缺乏道德，但是他靈魂裡的競爭性格讓他對待人的方式，就像對待路中央的一顆石頭。別人是石頭，他則是休旅車。當我結束對邁可同事關於他的缺點的訪談後，發現邁可對下屬和同事的尊重程度敬陪末座，落在最低的千分之一。也就是說，一千個經理人中，他落居最後一名。

不過他的業績卻是驚人地好，因為他對公司大幅的利潤貢獻，執行長擢升他加入公司的經營委員會。這原本應該是青年才俊邁可職涯的頂峰，但卻也讓他不好的一面敗露。公司裡的經理人多少都已經對邁可的行為感冒了，現在卻處在一個位置上，要第一手嘗試到他那「要嘛你來帶領，要嘛聽我的，否則就滾開」的作風。在會議上，他們見識到邁可的口無遮攔，他當然得罪了每一個人。他甚至在會議上對執行長（他最大的支持者）出言不遜，執行長請我來幫邁可，「修好他」。

我見到邁可時，觀察到他最明顯的一點是對成功的沾沾自喜，他每年賺超過四百萬美金，職涯上的肯定讓他不可一世，我想若要用挑戰他工作表現的方法破冰應該不太容易，他知道自己的績效很高。所以，我坐下來和他談的第一件事是：「我無法幫你賺更多錢，你已經賺很多了，但是我們來談談你的自我問題。你如何對待你的家人？」

他說他在家判若兩人，是個好丈夫、好爸爸。「我從不把工作帶回家，」他向我保證，「我在華爾街是個戰士，在家卻是隻柔順的貓。」

「那真是有趣了，」我說，「你的老婆現在在家嗎？」

「在。」他說。

「我們給她一個電話，看看她覺得你在家和在公司有沒有差別？」

我們撥了電話，當她聽到他先生的言論，在終於笑停了之後，她向我保證邁可在家裡也是個混蛋。然後我們請他的兩個小孩來聽電話，他們都認為媽媽說的是真的。

我說：「我開始看到一個模式了，就像我告訴你的，我不能幫你賺更多錢，但我可以幫你解決這個問題：你真的希望自己的喪禮上，來參加的只有想確定你真的死了的人嗎？基本上，你是在朝這個方向前進。」

第一回，邁可看起來有點受傷，「他們是不是要炒我魷魚？是不是？」他問。

「不只是他們會請你走路，」我說，「而且你要走時每個人都會高興地跑到大廳跳舞！」

邁可思索了一下，然後說：「我想要改變，理由不是為了錢，也不是為了公司，而是因為我的兩個兒子。如果二十年後，他們也得到你給我的這種回饋的話，我真的會無地自容。」

一年後，他尊重他人的分數爬到前百分之五十，表示他已經優於一般狀況了，也許應該得到加權分數，因為他一開始是那麼地慘不忍睹。他賺的錢也成長一倍，雖然我不能聲稱這兩件事有必然的因果關係。

這一課：你在職場上的缺點不會在跨進家門的那一刻消失。

打氣的話：**每個人都能改變，但必須想要改變，有時敲門磚不是和你一起工作的人，而是和你住在一起的人。**

領導者（被領導者）的行動方案：你如果真的想要知道同事和客戶對你行為的感想，不要對著鏡子顧影自憐，讓你的同事拿著鏡子，告訴你他看到什麼。如果你不相信他們，回家拿同樣的問題問問你的家人、朋友，這些你生命中對你沒有任何企圖的人，他們真的希望你成功。我們都說想要知道事實，這是一定能擠出事實的機制。

這五個觀察來的回饋方法是祕密技巧，讓你更能觀察好周圍的世界。

當你調到靜音，你會增加對他人的敏感度，這是因為刻意去除掉聽的部分。

當你嚐試把句子說完的技巧，是在用逆行分析；也就是說，看到結果，然後辨識出需要達到的技巧。

但當你驗證自我放大的語言的真確性時，你是把自己的世界翻轉過來，然後看到你和別人並沒有兩樣。

最後，當你發現自己在家的行為，你不只了解到需要改變的理由，也了解到改變的重要性。

這些練習背後的邏輯很簡單：如果你以新的方法看世界，也許會看到新的自己。

也許我們花了蠻多時間在談回饋，記住，這只是我們所要進行的事的基石，我們現在還在開頭而已。

如果我是整型外科醫師，回饋就像是磁振造影。我需要磁振造影了解深層的組織受損狀況，找出損傷的部分。但仍需要進行手術才能治療病患，病患也需要好好休養幾週才能痊癒。

如果我是個廣告部門主管，回饋像是廣告公司為產品做的顧客調查，誰會購買？為何會購買？和競爭產品相比，市占率如何？但這個調查結果並不等於一個成功的廣告，我仍然必須要靠自己想出如何做廣告。

假使我是個參加競選的政治人物，回饋就像是民調結果，可以幫我了解我在選民心中的位置，但我仍得努力競選，得去說服選民，我是可以幫他們解決問題的最佳人選。我仍然必須努力去贏得選票，而回饋沒有辦法幫我做到這點。

回饋告訴我們什麼要改，但不是怎麼做。但是當你知道如何去改，你已經開始改造你自己，也在改變別人對你的觀感，你已經為下一步做好了準備：告訴別人，你很抱歉。

第七章

道歉

神奇的一步

如果你還沒有感受到這件事的重要性的話，我要再說一次，我認為道歉是人類行為中最神奇、最具療效、最有復原效果的。這是我協助想尋求改善的經理人的工作重心，因為，**沒有道歉就不能顯示出你有注意到錯誤，不能宣告全世界你想要改進的意圖，最重要的是，在你和你在意的人之間，沒有一份情感合約。**對某人說抱歉就像用血簽下合約。

在《哈維潘克的紅色小書》（*Harvey Penick's Little Red Book*）一書中，有一短篇名為「神奇的一步」的短篇故事，潘克生動地描述高爾夫揮桿的基礎。也就是，當舉桿往後時，重心由左腳轉移到右腳；當我們將右手肘帶下及揮桿擊球時，重心再移回左腳。潘克說，如果你學會了這個，「你擊中球的過程會彷若神助。」

那麼，說抱歉則是我那「神奇的一步」，一樣看似簡單的技巧，但就像要自己承認錯誤，或是說「謝謝」一樣，對某些人而言十分困難，但對會用的人而言，效果卻十分顯著。

我實在想不出比前美國國安會的反恐資深官員理查．克拉克（Richard Clarke）在九一一委員會前的供詞更鮮活的例子了，那是冰釋前嫌的力量。克拉克花了很多時間在委員會面前講述恐怖主義，大多數充滿爭議，但在他所有的證詞中卻有一刻很令人震驚，那是當他對著九一一的受難家屬們說：「你們的政府對不起你們，受你們所託要保護你們的那些人對不起你們，我也對不起你們。」這個道歉，《紐約時報》的法蘭克．瑞奇（Frank Rich）認為：「應足以媲美我們歷史上其他最受矚目的鏡頭，像是一九五四年，軍方委任律師喬瑟夫．威爾許（Joseph Welch）和麥卡錫參議員在聽證會上對決時，說：『先生，你難道沒有正義感嗎？』」

有些人認為克拉克是在嘩眾取寵，或是說他沒有權利道歉，或者說他在本來應該客觀的程序中，注入過多矯揉造作的情感。但我卻要為他喝采，因為克拉克在做的是兩造都需要的事。事實上，他是在說：「已經過去的，無法改變，但逝者已矣，我還是很抱歉。」這個道歉給他自己和他的聽眾一個句點，無論如何微弱、苦澀及溫暖交織。**句點讓你繼續往前走。**

克拉克的抱歉在電視上連續播了好多天，若有人還會再對他道歉中高漲的情緒感到驚訝，我會覺得很奇怪。這就是我毫不猶疑希望客戶能去做的，但有時他們吸收這個訊息的速度比我希望的要緩慢些。

有一名資深經理泰德碰到的就是這種情形，我是在九〇年代後期輔導他。泰德代表的就是那種經常會碰到的成功故事：他是聰明、體恤、業績好、人品高那一型，上疼下愛，同儕也崇拜他。但這幅本來完美的圖畫裡有個一再出現的瑕疵：泰德對客戶及同事的跟催相關行動很糟糕。但其他人得經年累月下來才會注意到這個缺點，這正可說明，為何泰德初次和人邂逅時魅力無窮，但到最後都會和別人形成衝突。他讓最親近的人都想疏遠他，不是因為他是壞人或太驕傲，而是因為他消極式地疏忽別人。他不回別人電話，從不主動聯繫別人、跟催工作進行的狀況，他只在談生意時才會去理他們。這是沒有惡意、卻很有殺傷力的模式，一定要經過一段時日才會浮現出來。因為人只會在沒有得到關懷和照顧時，才會想念這兩種美德。但在泰德身上卻是一個不斷發生的模式，未來，他總要學會如何表現出對別人的關懷，就像個正常人一樣，不論有沒有牽涉到生意需要，他都是他們的朋友。

我們幫助泰德在工作上變好，請他運用的就是這些神奇的動作：**道歉、廣宣、追蹤結果**。但這還不是我要說的重點。

泰德和我繼續保持聯絡（當然，大部分是我打電話給他），但在二〇〇四年三月，他興奮地打電話來。

「馬歇爾，」他說，「你一定會以我為榮，我真的把我最親密的一份友誼毀了。」

「好，」我有點遲疑，「那麼我應該以你為榮的原因是……」

「因為我道了歉，然後拯救了這份友誼。」

故事大概是這樣子：泰德有個二十年的至交好友是他的鄰居文生。在兩個禮拜的時間裡，文生打電話給泰德五次之多，但是泰德都沒回電。(顯然，新生的泰德只學會在職場上改進，但在家居生活中依然差勁。）文生，這個火爆的西西里人，最重視的莫過於忠實的友誼，他覺得受傷，也就不跟泰德說話了。泰德注意到了，卻鼓不起勇氣去找文生道歉，他們兩位的賢內助設法安排了一個恢復邦交的方法：她們要泰德寫封悔過書，覺得應該就會沒事了。但是泰德又搞砸了這件事，因為業務忙又加上出差，幾週過去，文生都沒收到傳說中的這封信。最後，文生非常光火，寫給泰德一封很尖酸的信，細數這些年來令他耿耿於懷的怠慢和過錯，諸如不回電話、在派對上不理會他、從沒有主動聯絡他。(我知道聽起來很像肥皂劇，不過再忍耐我一下。）

這個大大刺痛了泰德，終於逼得他立即回信給文生，我將它全文照登，因為這是個道歉的經典之作。

親愛的文生：

我就像某部電影裡的主角喃喃自語說：「事情怎麼會演變到這個地步？」

幾分鐘之前讀了你的信，而且在第一時間就想努力改變，想要比較積極地回應，寫這封信的目的是想談談你的指控。就我看到的，有三件。

第一件是沒有回電給你，你說的沒錯，完全正確，我很沒有禮貌。這不是一個朋友、或是一個文明人該有的行爲，我應該要更有概念才對。這似乎傳達出一個錯誤且糟糕的訊息，表示我不在乎你。（我不知道這樣說會不會讓你好過一點，我這個缺點對誰都一視同仁，我不回我媽、我哥、我姐夫們的電話，我老婆說還有她的。這不是件光榮的事，這只是我小小的誠實告解，想讓你知道，我並沒有一張想像中的回電優先順序表單，將你列在後半段中。我眞的沒有這樣的排行榜，我公平對待每一個人；也就是說，對誰都一樣沒有禮貌。）我要爲此向你道歉，而且我一定要改進。

第二件是我當主人時不夠稱職，我當然不是故意忽略你，讓你無法加入談話。）正如波士頓塞爾提克隊（Boston Celtics）的傳奇教練「紅頭」奧拜克（Red Auerbach）常用來提醒他隊員的話：「你說什麼不重要，重要的是他們聽到什麼。」你顯然並沒有在派對上盡興，我爲此向你道歉。我期望自己可以當一個體貼關照賓客的主人，所以我會將你的建言做爲督促自己改進的訊號。

至於第三件，也就是關於我從不主動與朋友聯絡的事，你又說對了，完全正確。有些人，就像你說的，擅於經營友誼，有些人則不會。

你對我做的所有指控，第三條最令我痛苦，因爲這是眞的，卻是很難改善的，你並不是第一個指出這一點的人。我猜我可以回溯小時候，來想出爲什麼我會是這樣，但是回溯只是在找代罪羔羊的愚昧處理方式罷了。我今年五十二歲了，我不能推諉給我的母親、我的成長史，或是三年級吃了一個難吃的鮪魚三明治。我唯一能做的是保證會改過，一步一步來做，經由你給我的線索，也藉由你告訴我的朋友守則。但願，我能由你那開始改過自新。

儘管有這些壞事例，但我眞的眞的很看重我們的友誼，我們比鄰而居，這麼多年來分享了無數歡笑的時光，又眞心關懷彼此，不能因爲你對我在某個部分的愚蠢行爲不敢恭維，而讓友誼毀於一旦。我唯一能請求的是你的原諒，如果你可以不計前嫌，我也不能只是期待讓事情恢復昨日的水準，我應該要更上一層樓才對，期待事情可以回歸應然的狀態，我們的友誼可以像是你在信中坦誠描述的那樣。

關於這點，我們可不可以邊喝紅酒邊聊？

很棒的信，對吧？不過，如果對方連看都不看就沒輒了。

文生原封不動把信退回。兩個太太努力說項，希望文生讀這封信。他終於軟化時，修繕友誼的工程才展開，因為一個掏心挖肺的道歉是無法抵擋的。

像泰德在他之前的生命裡，無法自己承認錯誤並主動道歉，讓我真的覺得很奇怪，他們這種人到底要如何在世上求生？要如何修補受損的人際關係？如何讓別人知道真正的感受？若不先說「我很抱歉」，他們要如何宣布改變惱人行為的心意？

當我向泰德恭喜他對這個狀況的漂亮處置時，他說：「你是知道的，如果不是在工作上經歷過這些，我是不可能去向文生道歉的。」

「那你現在為什麼可以做到？」我問。

「因為我知道這個有用。」

這是要學會道歉這神奇的一步的充足理由，但最令人難以招架的理由是：這很容易做到。你要做的只是重複說這些話：「我很抱歉，我會改進。」

找個時間試試，你不會有任何損失，包括你想像中的自尊心，而且投資報酬率會好到連巴菲特都眼紅。而且你的人生會因此改寫，就像變魔術一樣。

如何道歉

你有沒有從克拉克、泰德及文生的例子中看出一個模式？痊癒的過程是由道歉開始的。

我們做了什麼必須去道歉的事不重要。可能是因為引起別人的痛苦感到很深的愧疚；或是輕忽摯愛的人而羞愧；或是因為自己的失誤讓別人棄你而去，而感到心痛。後悔、痛苦、羞愧、心碎，這些強烈的情感，有時足以從最頑強的人口中逼出一句道歉。無論是什麼因素讓一個通常嘴硬的人開口，我都予以肯定。

一旦你準備好要道歉，這裡有操作指南：

你說：「我很抱歉。」

你再說：「我將來會試著改進。」這不是絕對必要，但我覺得這樣說比較安全，因為當你們不計前嫌時，最好還能展望更光明的未來。

然後呢……就把嘴巴閉起來。

不要多加解釋、不要愈描愈黑、不要「牽拖」，說更多的結果只是去冒效果打折的風險罷了。我記得二〇〇一年時，摩根史坦利（Morgan Stanley）因為利益輸送的案子付出了五千萬美元的罰金，主因是他們的分析師在報告上偏袒自家公司的客戶。這筆五千萬美元本意是要讓摩根史坦利能擺脫醜聞，重新開始更好的明天。既然如此，當然要看起來、感覺起來有道歉的味道。但是公司的執行長裴熙亮（Phil Purcell）在第二天的演講中就把這事搞砸了，只因他想要把這個罰款的事件合理化。他說付錢只是為了讓這件事塵埃落定，公司其實並沒有做錯什麼，當然也沒有像其他公司那麼壞，別家付的罰金還更可觀。聽起來就像他在吹噓說他的公司付的罰金最少一樣。就像一個坐三年牢的人向刑期十年的獄友吹牛一樣。

裴熙亮的發言立刻就讓媒體、證交會、紐約檢察長跳腳。不論這家公司多麼財力雄厚，要開出一張五千萬美元的罰金支票，就是很嚴肅的一個道歉。你在執行道歉時就不能使眼色，只能乖乖道歉，然後把嘴巴閉起來。

就連一個老道的執行長都能因多言而搞砸一個價值五千萬美金的道歉，試問我們這些人如果在表現出悔改時不只說「我很抱歉」，那會引發何等浩劫？

在道歉的時候，唯一有用的忠告是：盡可能快進快出。要變得更好之前，你還有很多要做的事，愈快把道歉說完，愈快可以進行到讓全世界都知道的階段。

第八章

告訴全世界（打廣告的意思）

道歉之後，必須打廣告。告訴全部的人你要改進是不夠的，必須清楚說明到底是要改正哪一點。換句話說，既然抱歉都說了，那麼打算要怎麼處理呢？

我告訴客戶：「要改變別人對你行為的觀感，遠比要改變你行為的本身困難許多。」事實上，我估計，你必須改進了一百分，才能從你的同事那得到十分。

背後的邏輯就像我在第三章裡所說明的：認知失調。複習一下，我們看待他人的態度會和我們先入為主的印象一致，無論正面負面都一樣。如果我認為你是個自大的混蛋，就會用這個觀感來過濾你的所作所為。假如你做了高尚的好事，我會認為那是例外，你還是個自大的混蛋。在這個框架內，別人幾乎不可能察覺到我們做了改進了，多努力試都徒勞無功。

然而，如果你告訴大家你在試圖改進，機率就會增大很多。突然間，你的努力出現在他們的雷達螢幕上，就能開始把他們的成見一點一點破除。

如果你告訴每個人你有多麼努力，然後不厭其煩地重複這個訊息，那麼機率又更高了。

機率還會更好，如果你請教每個人幫助你改進的意見，現在同仁都開始成為你的股東：他們開始注意你，看看你有沒有理會他們的建議。

最後，這個訊息就生根了，別人開始接受一個更新、更好的你。有點像是在樹林中有棵樹要倒了，如果沒有人聽到「砰」一聲，那它算是有出聲嗎？道歉和宣告要改進就是向每個人指出樹在哪裡的方法。

別忘了「封閉」期

每個行銷人都知道，如果不能把訊息傳達給消費大眾，研發出一個很棒的新產品就毫無意義。你必須要告訴全世界：「嗨，我在這裡！」然後給他們一個應該關注的理由。

同樣的道理，在你要開始執行一件嚴肅的個人計畫，要打造一個新的「你」時，如果沒有好的廣宣活動，你覺得別人會注意到嗎？

光讓別人知道你在做什麼是不夠的，你不是在進行「單日促銷」，而是要進行一個持續的改變。必須拼命地廣告，把這當成一個長期廣告活動。不能期待別人頭一兩次、甚至第三次就聽進去了。必須把訊息敲進同事的腦海中，就像節拍器一樣穩定地重複，因為你會很關注自己的目標，別人則不然。他們要掛心別的事，有自己的目標和職責。結果，同事也許就不會立刻聽進你要致力改變的事，你也許得在這個「封閉期」裡一路奮戰。

我第一次聽到這個用詞，是到一名堪稱紅酒達人的朋友家作客時。另一名客人帶來一瓶酒齡十二年的紅酒，產地是法國著名的酒莊。我們都迫不及待想喝這瓶酒，但主人很客氣地暗示，現在喝不是最恰當的時候。十二年！不用等了！我們堅持。所以我們開了酒，把酒倒入閃亮的水晶杯裡，在酒杯裡搖晃了一下，用力聞一下濃郁的香氛，然後迫不及待喝了一口。

我們把酒杯放下來，看看彼此，腦子裡都在想同一件事：這個酒既沒有味道，也沒有特色。

我們又喝了第二口。

結果一樣。這個酒完全平淡無味，就好像死在瓶子裡一樣。

終於，我們這名紅酒達人主人解釋了，有些真正的好酒可以典藏數十年，而且愈陳愈香，但是會經過一個「封閉期」，酒會沉睡好幾年再醒過來，然後在瓶子裡的風味會提升很多。通常在酒齡六到十八年間都可能發生，因酒而異。我們這瓶酒還處於封閉期，就像他建議的，應該還不要喝。

這和你在公司裡進行案子一樣，不論是個人改造的計畫，或是改造公司的計畫，好的點子就像好的酒一樣，會與時俱進。但是也會經歷一段封閉期，這時就需要時間慢慢沉澱、內化。

下面這樣的事曾經發生在你身上嗎？老闆派給你一個大任務，找出公司裡某個大問題實際的狀況，你做了一個訓練有素的企管碩士該做的每一件事。研究整個狀況、找出問題點，把結論和建議都提給老闆，歸結出一個新做法，找了個適當的人去執行這個策略。

一個月過去了，什麼也沒發生，再過一個月，還是沒有進展。半年後，老問題仍然沒有改善。

到底哪裡做錯了？

這很簡單嘛，你是照著「一、二、三、七」這些步驟進行的。

你輕忽了，忘了每一個成功的案子都得歷經七個階段：第一、評估狀況；第二、找出問題；三、研擬作法。但是在你跑到第七個階段，也就是執行前，還有另外三個階段。

不幸的是，多半的人都沒好好關注第四、五、六個階段，在這段期間內，你要下功夫在同事身上，才能確保得到最重要的、對你的計畫買帳的意願。這其中的每一階段，你必須鎖定不同的選民。第四階段、向上爭取：取得主管的首肯。第五階段、橫向爭取：取得同儕的同意。第六階段、向下爭取：讓你的下屬接受。這三個階段是達陣的必要條件，你不能省略任何一個或是草率了事。即便不能給予更多的注意，至少也必須要給予像第一、二、三、七階段同等的重視。如果做不到這些，還不如閉門造車，別人不會看到你、聽到你、或是知道你的存在。這才能保證「一、二、三、七」的任務可以奏效。

要解決公司的問題如此，要讓別人幫助你改進亦是如此。這要花時間，也要費口舌，才能讓一個點子有黏力。把你的「廣宣」想像成是找尋上、下、左、右的人對這個主意買帳。如果做不到，只是徒然抱著階段「一、二、三、七」不放而已，不從一到六每一步都走到位，就達不到第七階段。只要不完整，這道算數就會做得很差。

當自己的新聞發言人

如果我們每個人都有自己的總統府發言人來回答尖銳的問題，然後整日「炒」新聞，好與對手抗衡，那該有多好？（也許這樣是會對我們不錯，但是我不確定我想住在一個每個人都在「愚弄」別人的世界。）

也就是說，我們需要學會一些政治人物用來穩固權力的方法。

其中最主要的是聚焦訊息，知道自己想說的，然後鞭策自己盡可能重複說，不能覺得不好意思，直到習慣成自然。在這個喧囂的媒體時代中，我們至少有學到這件事：簡單、一致的訊息可以鶴立雞群，人們會聽見，而且印象深刻。（我不是說這一定是好事，但這就是現實，就面對吧！）

你打算要改變時也是一樣，就像一個政治人物想提出新法案，然後就想辦法弄成頭條；你如果在公司要提一個新案子，也必須用較戲劇性的方式引起矚目。（雷根有教過我們。）真要說到戲劇，道歉可是個好戲碼，尤其當別人認定你本性難移時，你卻告訴他們對自己以往的過錯很抱歉，未來想要改進，還有比這更戲劇化的嗎？

這還不是全部，你不能只道一次歉，說以後會改進，你必須不斷重複對別人提起，直到深植別人心中。

基於同樣理由，政治人物在激烈的選戰活動中，把同樣的廣告播了又播。持續不斷地重複傳達他們的訊息是很有用的，這樣訊息便深印我們腦中。

我不想過度強調新聞發言人這個比喻，也不是希望大家模糊焦點、選擇性記憶、或閃躲問題，這些都是新聞發言人很有價值的武器。我要說的是，你不能依賴別人來解讀你的心意，甚至把你改進的表現記錄下來。也許對你而言，再明顯不過，但是要別人注意到新的你，至少要好幾個禮拜。

正因如此，你必須主動控制目標訊息，這點益發重要，下列是如何當自己的新聞發言人的重點：

- 把每天都當成開記者會的日子，同事會評斷你，等著看你出錯。這樣的心態，知道別人都睜大眼睛看著，會讓你提高自覺，也足以提醒你要保持警覺。
- 要把每天都當成是可以成功傳達訊息的機會，提醒別人，你真的很努力。沒能做到的日子等於是倒退一兩步，把改造自己的承諾縮水了。

- 把每一天都當成迎接挑戰的日子。總會有人有意無意地不希望你成功。不要太輕信別人，稍微偏執一點，如果你有注意到誰希望你失敗，就會知道該如何應付他們。
- 把這個過程當成是選舉，畢竟，你不是那個讓自己選上「新的更好的你」的寶座的人，你的同事才是。他們是你的選民，沒有他們的贊成票，你永遠不能說改變成功了。
- 用週和月作單位想像這個過程，而不是一天一天計算。最佳的新聞發言人很能澆熄每天的火勢，但也兼顧長期目標。你應該效法，不論每天發生什麼事，你的長期目標是要被視為可以處理掉個人問題的人。

如果能這麼做，就像最佳新聞發言人一樣，會擁有要你提供新聞的「記者團」。

第九章

聆聽

高爾夫球名將傑克·尼克勞斯（Jack Nichlaus）說，百分之八十的完美擊球來自於正確的握桿，以及相對於球的站立位置。換言之，結果幾乎在運用到肌肉之前就已經定調了。

聆聽也是如此：我們有百分之八十的成功是由其他人身上學來，所以取決於聆聽能力的高下。換句話說，成敗在我們採取行動之前就已經定調了。

多數的人忽略聆聽這件事，因為他們把這看成是個消極的活動，認為什麼都不用做，只要呆坐成一團，聽別人說話。

不是這樣的，擅長聆聽的人認為他們在做的是一個非常積極的過程，全身每一條肌肉都參與了，尤其是腦子。

基本上，**所有的好聽眾都會做到三件事：言不妄發；尊重說話的人；在回答前會問「這值得說嗎？」來衡量自己的答案**。我們來逐一檢視，幫自己成為更好的聽眾。

言不妄發

言不妄發是聆聽時必須做的第一個積極的選擇，說話就沒有辦法傾聽了，所以要選擇把嘴巴閉起來（我們都知道，對有些人而言，這比健身時仰握推舉五百磅還難）。

我不知道有沒有誰能做得比法蘭西斯·賀賽蘋（Frances Hesselbein）更好。法蘭西斯是我永遠的英雄，我景仰她，視她如家人。她曾任美國女童軍執行長十三年，讓這個搖搖欲墜的組織重新生機勃勃起來，招收的人數增加、取得贊助、變得多元化，並且平衡收支。她擁有十七個榮譽學位，並在一九九八年得到總統自由獎章（美國民間最高榮譽獎章），彼得·杜拉克稱她為最佳主管。

賀賽蘋許多方面都做得很好，但其中有一項尤其突出，言不妄發，所以讓她成為世界級的好聽眾。你若問她，這是不是一種消極被動的表現，她會向你保證，這需要極大的自制力，尤其是當聽到不中聽的話時。畢竟，人一旦生氣時最常有的舉動是什麼？開口說話（而且不會謹慎發言、也不會留意風度）。

我們難過時會做什麼？開口說話。

當我們困惑、嚇一跳、震驚時會有什麼反應？一樣的，開口說話。這是一定的，我們可以看到別人已經在畏縮了，因為他預期到我們將說出一些不經大腦、口不擇言的重話。

但法蘭西斯．賀賽蘋就不是這樣，你可以告訴她世界末日要來了，她還是會先思考過再開口，不是她不曉得說什麼，而是她在考慮要怎麼說。

儘管大多數的人以為聆聽就是當我們沒有在說話時做的事，賀賽蘋深知聆聽是兩部分操作。一部分是我們在聽別人講，另一部分是選擇開口的時機，**開口決定了我們聆聽的功力。我們說的內容恰是聽話功力的明證，這是一體的兩面。**

我賭你會辯稱這絕不是很主動、關鍵性的選擇，然而下令腦子不做什麼，事實上與命令它去做什麼無異。

如果你可以精通這點，聆聽能力會突飛猛進。

尊重說話的人

要從別人身上學到東西，必須尊重說話的人，同樣的，這也沒有你想像得那麼容易，需要用到一些平常不用的肌肉。

你有沒有遇過這種情形：當你的親密伴侶對你說話時，你正在讀一本書、看個電視或瀏覽報紙？突然你聽到：「你沒有在聽我說話。」

你抬了一下頭，說：「我有在聽。」你平靜地覆述每一個字，證明你的確有在聽，是你的生命伴侶……搞錯了。

你炫耀這種一心多用的特異功能，結果會如何？這種做法聰明嗎？一點都不。你的伴侶會更尊重你？不太可能吧！有人覺得你了不起？不會。

唯一跑進到你伴侶腦中的念頭是：「天哪，我本來以為你只是沒有在聽，但現在知道問題更大了，你根本就很混蛋！」

這就是沒有尊重說話的人的後果，光把耳朵打開是不夠的；我們必需表現出洗耳恭聽的樣子。

柯林頓絕對是箇中高手。我和內人有好幾次在公開場合遇見他，你是個州長也好，行李服務員也罷，當你和柯林頓交談時，他的表現，彷彿整個房間裡只有你這個人。他全身上下每一個細胞，從眼神到肢體語言，傳遞出的訊息是，他很專注在聽你說什麼。他表現出你很重要，而不是他很重要。

如果你不認為這是很積極且身心費力的活動，找個時間試試，和五百人的長龍一一握手看看，每個人都將你與他那短暫的交會視為一輩子裡最光榮的時刻。

如果你沒有這樣做過，尊重說話的人這話難道不會讓你汗顏？

問自己：「這值得說嗎？」

聽話時常需要先回答自己一個困難的問題，才能開口，那就是：「這值得說嗎？」

對大多數的人而言，聽話最大的困擾是，當我們應該要聽的時候，我們卻忙著構思接下來要說什麼。

這是雙重不利：你不僅沒聽到對方說什麼，你正在組織的說詞還可能會得罪人，也許是牛頭不對馬嘴、或者是畫蛇添足，或是更糟的，兩者皆有再加上口氣不佳。這都不是人家想要得到的結果，好好保持下去，這樣你將來再也沒有需要聽人說話的煩惱，因為再也沒有人想開口向你說話。

有人告訴我們一些事，我們有一大張選單，可以挑選答話的方式，有些回答很巧妙，有些則愚拙。有些一針見血，有些言不及義。有些可以鼓勵對方，有些則會打擊對方。有些會讓對方覺得受到欣賞，有些則否。

問：「這值得說嗎？」強迫自己去設想對方在聽到你的回答後心裡會犯的嘀咕，這強迫你預想兩步棋，並不是很多人都會這麼做的。你說話，他們也說話，就這麼循環下去，交手的方式像是初級棋手的對弈，當中沒有人在預估棋局的走勢。問：**「這值得說嗎？」讓你超越眼前的討論，想到：一、對方會怎麼看你，二、對方接下來會做什麼？，以及三、下回你說話時，對方會有什麼樣的表現？**

由「這值得說嗎？」會開枝散葉出很多的後續。

回想一下，上回你在會議上丟出一個點子，然後會議室裡最資深的人（假設不是你）粗率地打斷你。你的點子是好是壞不是重點，對方的回答好或壞也不是重點，只要想想你的感受。你會更尊敬那個開口的人嗎？你會用全新觀點欣賞那個人無與倫比的聽話技巧？這件事讓你深受激勵，充滿熱情地回到工作崗位？下回你和那位仁兄再一起開會時，是否會更渴望發言？我猜答案是不會，不會，不會，和不會。

這就是當你沒有先問自己：「這值得說嗎？」就貿然發

言的後果，別人不僅認為你沒有在聽，而且你挑起了三段式的後果：一、對方受傷；二、對方會對傷人的人有不好的感覺；三、對於負面事物的可預期反應就是，對方傾向不要讓舊事重演（例如，下回就不開口了）。

繼續如此啊，然後這樣的事就會發生：每個人都覺得你是討厭鬼（個別的評斷，不一定會有殺傷力，但絕不是好事）。他們不會為了你求更好的表現（這會讓你的領導力受質疑），他們會停止告訴你想法（這會減損你的情報力），這些元素很難打造出成功的領導人。

我有一個客戶是一家市值數十億美元公司的財務長（現在是執行長了），他的目標是想成為一個更好的聽眾，以及被視為比較開明的老闆。和他一起努力一年半以後，我問他從這個經驗中學到最重要的事為何，他說：「在開口說話前，我會深呼吸一口，然後問自己『這值得說嗎？』我了解到，我要說的話中有一半也許是正確的，也許，但是並不值得說。」

他學到賀賽蘋的祕訣，**別人對我們聽話能力的評斷，多半取決於我們在問『這值得說嗎？』後的立即抉擇。**要張口或閉嘴？要爭辯或簡單說聲『謝謝』？要提一些無關緊要的建議或是保持沉默？我們忙著為對方的想法打分數或是聽就好了？

我並不是要指導你在會議中如何發言，只是在強調必須想想那些話是否值得說出口，如果你真的相信應該要說，但說無妨。

這就是我的客戶學習到的，結果，他在好的聽眾及開明主管的這兩個分數上衝到很高分，然後現在是執行長。

「這值得說嗎？」牽連既深且遠，不只是當個好聽眾而已。事實上，**你是將一個自利的古老問題：「這對我有什麼好處？」往前提升一步到：「這對他有什麼好處？」在思考上很重要的超脫，突然之間，視野打得更開了。**

就像我一再說的，這是很簡單的事，卻不容易做到，如果你能做到，每件事都會好轉。很多職場上的人際問題都是有公式可循的，你說了令我光火的話，我回敬你，突然間，我們之間出現了關係危機（另一種說法是爭端）。我們討論的是全球暖化問題或是雇用誰比較好都一樣，內容不是重點，重點是我們多麼容易陷入一些行為模式，在職場上產生摩擦。這就是為什麼簡單的自我約束，像是言不妄發、尊重說話的人、問問「這值得說嗎？」可以發揮功效，我們不需要去研究，只要做就行了。

決定你是 A 或 A+ 的關鍵技巧

兩位律師坐在紐約時巴客（Spark's）牛排館的吧檯上，一位是我的朋友湯姆，另一位是他的律師朋友戴夫。他倆先輕鬆地喝點小酒，一邊等座位。他們不趕時間，時巴客是那種你不介意多待會兒的地方，是一家指標性的牛排館，空間寬敞、備有世界級的名酒，每晚都有許多紐約最富有、最有地位、最俊美的人前來。(這個地點另一個出名的原因是,它也是約翰·葛提〔John Gotti〕派狙擊手槍殺黑手黨頭子保羅·卡斯特蘭諾 [Paul Castellano] 的地方。)這一晚,出席的明星人物是大律師大衛·波伊斯(David Boies),他才走進門,就直直走到吧檯那和戴夫打招呼,他們是在之前的一些訟案時結識。波伊斯也和他們一起喝個酒,幾分鐘之後,戴夫起身到門外去講手機,結果這通電話打很久。

波伊斯留在吧檯,和我的朋友湯姆聊了四十五分鐘。

這兩個律師聊些什麼不重要。

重要的是湯姆對這個偶遇的感想。

「我和波伊斯素昧平生,」湯姆說,「他不需要留在吧檯陪我說話,但我要告訴你的是,我並沒有被他用他的智商、尖銳的問題或軼事疲勞轟炸。令我印象最深的是,他問一個問題後,會等著聽答案,他不只是仔細聽,而且讓我覺得我是那個屋子裡唯一的人。」

我覺得湯姆講的最後這十五個字完美形容了這個技巧,決定你是 A 或 A+ 的關鍵技巧。

我的朋友湯姆並不是一個會輕易大驚小怪的人,他是紐約一家有三百名律師的著名事務所的副總裁,他的合夥人戴夫是一個很出色的訴訟律師。波伊斯當然是一個明星律師,美國政府雇請他去打和比爾·蓋茲及微軟的反托拉斯案,高爾在兩千年也請他在美國高等法院上為他打總統大選的官司。

我們來審視一下吧檯上發生的事。湯姆坐在他的位置上，戴夫，因為不明的理由消失到外頭打電話。相反的，波伊斯被留在那兒，製造很深的正面印象給湯姆。沒有任何理由讓他該把湯姆當成新認識的至交對待，他們兩人的業務範疇不同；他們在法庭上碰頭或合作的機會幾乎是零。換句話說，波伊斯對湯姆友善的原因，並非著眼於為未來鋪路，但是，他仍讓我的朋友湯姆覺得，他是房子裡最重要的人。表現出對人的興趣，問問題，最重要的是，專心聆聽對方的回答。波伊斯只是做自己，這個單一的技巧讓他成為理所當然的成功人物。

當你和別人在一起時，能夠讓對方覺得他是屋子裡最重要（或唯一）的人，就是決定你是 A 或 A+ 的關鍵技巧。

電視脫口秀主持人歐普拉、名主播凱蒂．庫瑞克（Katie Couric）、戴安．索耶（Diane Sawyer），根據和她們接觸過的人告訴我，也都擁有這個技巧。當她們和你說話時，不管是否在錄影中，你感覺你似乎是她們唯一在乎的人，是這個技巧讓她們成為 A+ 人物。

有一名英國友人告訴我，有一個垂垂老矣的企業家，總是被人看見有最美麗的女人陪伴他在倫敦的餐廳裡用餐，並不是因為他的長相或什麼魅力。他個子矮、國字臉、很胖、頭禿，大概快八十歲了。我朋友問了一個跟他在一起的女子，為何會受這個人吸引，她回答：「他的目光從不會離開我，就算是女皇走進來，他也不會轉頭去看一眼。他會給我全部的注意力，這令人難以抗拒。」

正如我所說，柯林頓也深諳此道。不論你是排隊要和他握手的人，或是私下會見他的人，柯林頓都能給予你受重視的感覺，他並沒有做得很誇張，或大聲告訴你他看到你的什麼優點。事實上，他是向你誇耀你，這是饒富意義的舉動。（想想你會有何感受，假如有人不是口是心非地告訴別人你很棒，而是向你指出你的優點，也適度讓一旁的人聽到，不錯，對吧？你難道不會很在乎那個人？）再加上極專注聽你說話，現在你可以理解到，不過是出身自阿肯色州的柯林頓，為何可以扶搖直上了。

我不懂為什麼多數人不會一直運用這個珍貴的人際技巧，事實上，在我們真正關心的事情上，都能夠這麼做。

假設我們和心儀的對象第一次約會，我們會是表現出專注和興趣的模範生，會問對問題，然後就像一個正在開腦部手術的醫生那樣專注地聽答案。如果我們不是真的很聰明，就會斟酌談話內容，確保自己不要多言。

如果和老闆開會，我們會仔細聽他說，不會插嘴。會注意老闆的語調，注意他話中有意或無意的語意。我們會看著老闆的眼睛或嘴巴，觀察他的微笑或皺眉，好像是顯示我們前途的重要景氣燈號。基本上，我們對待老闆的方式就彷彿他是房子裡最重要的人（因為他是）。

同樣的，如果我們去拜訪一個潛力客戶，這個交易攸關業績能否達到。我們會先打聽一些他的個人資料，妥善準備。我們會刻意問一些可以讓對方有興趣談的問題，觀察對方的表情，找出他對產品需求的程度。簡直像防止駭客入侵一樣，全面警戒。

我們和超級成功人士的唯一差別，A 和 A+ 的差別，就是 A+ 人士全天候這麼做，對他們而言，這是很自然的事。對他們而言，要關懷、要同理、要表達尊重，並沒有開關鈕。他們不會把遇到的人按重要性分成一、二、三級，他們平等待人，而且每個人最終都感覺得到。

奇怪的是，不論成功程度，我們都早已得知這點。我很直截了當問我的客戶：「你遇見的最成功的人物，他的哪一樣人際技巧最突出？」答案雖不是一字不差，但他們總是提到「對方讓我覺得自己真的很特別」這一項能力，通常是因為（就像我的朋友湯姆）他們對讓他們有此感受的人印象深刻。

那麼，我不覺得我是在這裡宣揚一個嶄新的、難以接受的道理，我們早就相信這一點了。

問題是：為什麼我們不做呢？

答案：我們忘了。我們分心了，我們沒有約束自己要讓這個成為習慣。

總而言之是如此。

當然，百分之九十擁有這個技巧的人會傾聽，而傾聽需要一點自律，約束自己要專心。我因此設計了一個簡單的練習，測試客戶的聆聽能力。這個很簡單，就像要一個人彎腰摸到腳趾頭，測試他的柔軟度一樣。我要他們閉上眼睛，慢慢地從一數到五十，要達成一個簡單的目標：不能讓別的念頭鑽進腦中，必須專心地數。

還有比這更簡單的事嗎？試試看。

很不可思議的是，超過一半的客戶做不到，大概數到二十或三十，煩人的念頭就侵入腦海中。他們會想到工作上的一個麻煩、小孩或昨晚吃掉多少東西。

這聽起來可能像專注力測試，但實質上是一個聆聽力測試。畢竟，如果你不能聽自己（這個你可能最喜愛、最尊重的人）數到五十，你又哪有辦法好好聽別人說話呢？

就像其他的練習一樣，這個測驗曝露出一個缺點，讓你可以改進。如果我要你雙手碰到腳趾，而你做不到，那麼顯然你的筋骨太僵硬了。如果你開始練習每天都彎身碰腳趾，最後一定可以變得更柔軟。

這就是這個數到五十的練習可以達成的目標，它顯露了當我們不說話時會多麼容易分心，但也幫我們訓練專注的肌肉，保持專注的能力。經常做這個練習，很快的你會一路數到五十，而不會被自己打斷，這種新生的專注力能幫你成為一個更好的聽眾。

然後，我們就可以來試一下。

把書先放下，讓下一個你會碰到的人，不論是你的另一半、同事或陌生人，覺得開心極了。試著運用下列歸納的這些小技巧：

- 聆聽。

- 不要插嘴。
- 不要替別人把句子講完。
- 不要說：「我早就知道了。」
- 連附和對方也不要（就算他稱讚你，回答「謝謝」就可以了）。
- 不要用「不是」、「但是」和「然而」。
- 不要分心，對方在說話時，別讓你的目光遊走到別的地方。
- 結束你的句子時，問一個聰明的問題，選擇問題的標準是：一、表現出你有仔細聽，二、能推動談話，三、需要對方回答（而你有在聽）。
- 去除想用自己的聰明或幽默來讓別人覺得你了不起的念頭，你唯一的目標是要讓對方覺得他很聰明或幽默。

如果你可以做到，會發覺到一個驚人的矛盾：你愈壓抑想發光的慾望，在別人眼裡愈會發光。我已經見識到太多回了，簡直和齣喜劇沒兩樣。我觀察兩個人在討論事情，其中一個人顯然占據所有的談話，另一個只是耐心聽著，並問問題。後來，當我問主要開口說話的人對另一人的觀感，他絕不會因為對方相對安靜，而覺得他無趣、見識不足或無聊。相反的，他一定會說：「這個人真的很棒！」

你也會這樣形容能夠讓你有所表現的人，他讓你覺得自己是屋子裡最重要的人。

請留意，這樣的練習不是要去發展全新的魅力、學習勾引術，或是用肢體語言來偷偷說服他人。這無非只是一個認真聆聽的練習，意思是，你要記得在聆聽時是有目的的，如果那是要讓別人覺得因為有你在而感到喜悅難耐，就正中目標了。你已經知道該怎麼做了，在第一次約會、拜訪客戶、和老闆開會時，從現在起，只要記得全天候這麼做就行了。

第十章

感謝

為何感謝有用？

感謝之所以有用，是因為這表達出人類最基本的情感：感激。感激一點都不抽象，而是真實的情感，既不能期待得到，也不能強求。你要嘛有感覺到，要嘛沒有，但是當別人對你做了好事，會期待得到感激，如果你沒有表達，他們會對你不高興。回想一下，上回你送禮物給某人，假使他忘了道謝，你會對他有何印象？很棒的人？還是不知感激的傢伙？

感激是種複雜的情緒，所以要表達也有點難度。通常會被詮釋為一種臣服的行為，帶點丟臉的味道。這也許可以說明，為何父母必須再三提醒孩子說「謝謝」，要教導天生就叛逆的小孩，這是最困難的事。

還有，說「謝謝」是禮貌和表現教養的重要指標，但就像大多數的禮儀規範一樣，可能會變得公式化，也就是不需要真的很誠懇。我們成日不假思索就脫口而出這句話，通常當成對話中的句點。例如，我們在講電話時說「謝謝您」來結束談話，可能未曾細想到，在這樣的情境中，「謝謝您」的含意其實是「我們已經討論好了，現在請停止談話了」。但正是因為「謝謝」具有一種難以抗拒的斯文力道，讓大家總能聽命行事。

說「謝謝」最棒的地方是，在可能爆發衝突的討論前，可以漂亮收尾。別人都道謝了，還有什麼好說的？不能再和他辯，不能試圖去證明他錯了，不能將他一軍、生他的氣或不理他。唯一能說出口的三個字，就是語言中最優雅、友善、甜蜜的：「不客氣。」這是可以愉悅耳朵的樂音。

在我們繼續談追蹤和前饋這最後兩個步驟時，你會需要習慣說「謝謝」這個技能。但是現在，我們先做一連串道謝的練習。

讓自己在感激這門科目上拿 A+

我正飛往加州的聖塔芭芭拉。突然，機身往下猛然一跌，這個恐怖的陡降讓許多旅客都趕緊去抓暈機嘔吐袋，其餘的開始想到來生。機長開始廣播，用他那種飛行測試師查克．葉格（Chuck Yeager）式的平靜聲音說，我們碰到一個「小問題」，起落架失靈了，我們將在機場上方盤旋，直到油料耗盡，這樣可以在輪子未收起的情況下，比較安全地降落。要坐在飛機裡繞圈，等待油用光是多麼令人緊張的事，在這樣的時刻裡，當你想到：「我可能會死！」於是開始細想自己的一生，會問自己：「有什麼事讓我後悔？」

至少我是如此。我想到一生當中有許多人對我那麼好，還沒有好好感謝他們。

我告訴自己，「假始我真的能夠再度踏到地面上，我會去向這些人道謝。」這種想法也算常見，這是為人子女的頭號悔恨，樹欲靜而風不止，他們從沒告訴父母自己的感激。

飛機安全降落。（相信我，我有和機長和機組人員道謝。）當我抵達旅館房間，我做的第一件事，就是感情沸騰地寫了五十封感謝函給生命中的貴人。

就是從那一刻起，我變成表達感激的達人，說謝謝的高手。現在我總是在電子郵件、信件、研討會中感謝別人，和別人講完電話的收尾句子，不是「再見」，而是「謝謝」，並且是真心誠意的。談到感激，我是一個激進的基本教義派，我甚至還列出在我個人及職涯裡最該道謝的前二十五個人，用特製的證書，燙金的字母印上他們的名字，上頭寫：「感謝你，你是幫助我職涯成功的前二十五大貴人。」

我知道這有點誇張，但我一點都不覺得丟臉，我有很多缺點，但是當中並沒包括不感激別人。我把感激的態度當做一個資產，如果缺乏了就是重大的人際缺失，我幫自己打的分數是A+。

這也應該是你的目標。

這裡有個練習，可以幫助你起步（很幸運的，不需要經歷在機艙內面對可能的死亡恐慌）。

不論你是在生命中的哪個階段，想一想你的生涯。誰是和你成功相關的主要貴人？寫下前二十五個想到的人名，問問自己：「我是否曾告訴過他們，我有多感激他們的扶持？」如果你和大多數的人一樣，應該都沒有做到這點。

在做任何事之前（包括翻到這本書的下一章），先寫給這些人一張感謝函。

這不只是一個讓你和別人覺得高興的練習（雖然這是一個值得做的矯治），寫感謝函強迫你去面對這個謙卑的事實：你不是光靠自己成功的，一路上都有得到別人的幫助。

更重要的是，這強迫你去找出自己的強弱項，畢竟，當謝謝別人幫助你，等於先承認自己是需要幫助的，這是指出自己不足之處的一個方法。如果你在某個領域不需要改進，就不會需要別人的幫助。把這看成是寫感謝函的副作用，幫助你找出以往的弱項（也許你在這上頭還是比所認知的要弱）。

我在寫這些文字時，突然想到，告訴別人寫感謝函有點多此一舉，甚至老掉牙，但是大家忽視這事的程度還蠻驚人的，沒有人做得足夠。

最終，你會了解，**表達感激是一種能力，和智慧、自知、成熟度相輔相成。**

有位律師朋友在州最高法院上為一個案子抗辯，他沒有打贏官司，但是法官後來把他叫到一旁，稱讚他的起訴書寫得真好，「讀起來很順，」法官說，「雖然最終並沒有說服成功。」

我的朋友向法官道謝，並說他得將這個功勞歸給他聖母大學的英文教授，這位教授常把他叫到一旁，不厭其煩地強迫他把文章寫得精簡。

「你有沒有向他道謝過？」這位聰明的法官問。

「沒有，」朋友說，「我已經二十幾年沒有和他聯絡了。」

「也許你應該和他聯絡。」法官說。

當晚，他寫了信給教授，對方還在聖母大學任教，並把這整件事的原委告訴他。

一週後，教授回信了，感謝我的朋友及時寫了信來。教授辛苦地批改幾十份期末報告，正懷疑閱讀這些報告和不斷打分數的價值何在，「你的信函，」他寫道，「告訴我做這些事是值得的。」

這就是一封感謝函的美妙之處，如果你在感激這門課得到 A+，沒有什麼壞事會因而衍生，只會好事連連。

第十一章

追蹤

沒有追蹤不會改進

一旦你精通了道歉、廣宣、聆聽、道謝這些細膩的藝術，必須嚴格地追蹤成果。否則其他的功夫都會變成「本月節目」罷了。

我告訴客戶要每隔一個月左右，去向所有的同事詢問評語和建議，例如，不懂分享訊息和知會同儕的客戶要去對每一個同事說：「上個月我告訴你，我試著要對你保持資訊暢通，你有給我一些建議，我想知道，你是否覺得我有實踐了？」這個問題迫使他的同事停步，再一次想到他想改進的努力，在心裡衡量他的進步，並且幫他能繼續致力改善。

如果你每個月這樣做，同事最終會開始感到你在改進，不是因為你這樣說，而是因為他們這樣說。當我告訴你：「我改進了。」我自己相信這點，當我問你：「我有改進嗎？」而你說有，那麼是你相信這點。

在七〇年代末期，八〇年代早期，紐約市長艾德·高曲（Ed Koch）很出名的一件事是，他巡視紐約市的五個行政區時，會問每一個遇見的人：「我表現如何？」在功力淺的人眼裡，高曲問這種問題似乎像個自大狂，像「講求自我年代」惹人厭的遺毒。高曲沒這麼愚蠢，基於一個成功政治家的本能，他了解群眾和觀感的運作方式。高曲在執行的是一種不經矯飾，但相當老練的追蹤策略，可以創造改變，不僅是改變這個城市，也改變市民對他當市長的觀感。

經由詢問別人：「我表現如何？」是在廣宣他的努力，而且表達出他很在意。

把這句話用問句來說，而不是聲稱：「我表現很好。」高曲把市民都拖下水，告訴他們，事實上他的命運是決定在他們手上。

經由重複這個問題，將「我表現如何？」變成他的個人口頭禪，高曲把他的努力烙印到市民的心裡，提醒他們，改善紐約市是一個長期工程，而不是立即的奇蹟（這也解釋了為何他會是最後一個連任三屆的紐約市長）。

最重要的是，「我表現如何？」強迫高曲要「說到做到」，假使他問了這個問題，而別人回答：「不怎麼樣。」他必須對這個答案有所回應，以免下次他問「我表現如何？」時再聽到一次。

追蹤是改善過程中最費時的部分，要花一年到一年半的時間，這是必然的，因為它是這個過程中的關鍵。

追蹤就是去衡量自己的進步。

追蹤是我們提醒他人，我們正在努力改變，而他們在幫助我們。

追蹤是我們的努力最終可以印在同事的心裡。

追蹤是我們卸除同事對我們本性難移的懷疑。

追蹤是我們對自己和別人承認，改善是個長期工程，而不是一時的宗教皈依。

尤其重要的是，追蹤讓我們採取行動，給我們動力，甚至勇氣，除了理解我們需要改變什麼之外，更進一步真的去做，一旦投入追蹤的程序後，我們就開始改變了。

為何追縱會有用？

讓我告解一件重要的事：我一開始並沒有認識到追蹤的重要性。當我在一家《財星》百大公司準備訓練課程時，執行副總也許是因為要緊盯訓練預算之故，問了我一個十分合理的問題：「是不是每一位參加這門領導課程的人，真的都會改變？」

我想了一下，又多想了一下，囁嚅地回答：「我不知道。」

我在那之前已經訓練了成千上萬的人，我的課程得到很好的評價（雖然現在想起來，這些評價只是意味著上課的學員認為我的課程有價值；但並不能證明課程本身的價值）。

我收到上百封信，那些人相信他們已經改變了（雖然我了解那並不代表他們身旁的人相信他們已經改變了）。我輔導過這麼多家世界一流的企業，但從沒有人曾經問我這樣的問題。更糟的是，直到那一刻前，我自己也沒有想到這個問題。

對我而言這是個轉捩點，當時我已躋身三百六十度回饋的頂尖專家之列，這種參與式的管理概念是要員工評鑑他們的主管，而不是被主管評鑑。我個人對這個領域的主要貢獻是「顧客回饋」這個概念，我設計了問卷找尋這個問題的答案：「在這一個組織中優秀領導者的條件是什麼？」但即使我喜歡解讀數字，我還不曾回到那些公司去看看我的訓練課程達成什麼效果，或是人們是否有做到他們在課堂上承諾要做的事。我假設如果他們了解到聽從這個智慧、優秀、務實的我所給的利多，一定會照辦。

受到這個執行副總一針見血的問題醍醐灌頂，接下來兩年，我變成追蹤這門功課的苦學生，我讀遍這類研究，回到客戶的公司蒐集資料，然後回答這個問題：「真的有人改變了嗎？」

這些數據慢慢增加到具有統計上的意義，主要來自八個大企業，每一家每年都花了數百萬美金在領導力的訓練上。換言之，他們非常認真看待主管訓練。我的樣本數最後達到八萬六千人，當我再研究這些數據時，有三個主要結論浮現。

第一個結論：不是每個人都看重主管訓練，至少不是像他的組織期望的那種。有些人訓練得起來，有些則否，不是因為他們不想變得更好。在這八家企業中，有成千上百的人上完我的領導力課程，在每一次上課中，我問學員們是否打算將所學運用在自己的工作崗位上，幾乎百分之百的人說是。一年後我問同樣這群人的下屬，他們的主管有沒有在工作上運用這些新知，大約七成的人說有，三成的人說完全沒有。這個七三分的統計比擁有完美的一致性，在我研究的八家公司裡全都是如此，不論主管的背景是美國人、歐洲人或亞洲人都沒有不同。換句話說，這反應了人類的天性，而與文化差異無關。

當我再挖深一點，去了解為何主管會願意上完課程、承諾去執行學到的東西，然後卻沒有做，答案卻是不可思議的無聊，而且再次反應了人類的天性。他們沒有去進行改變是因爲他們太忙了，在訓練課程之後，他們轉身回到自己的辦公室，回覆成堆的留言、讀或寫報告、打電話給客戶及顧客，被每日的例行工作分心了。

這告訴了我第二個結論：知道不等於做到。大多數的領導力課程環繞著一個十分錯誤的假設：如果人們聽懂了，他們就會去做。這不是事實，大多數的人了解，但就是不做。例如，我們都了解過重對身體不好，但是大多數人完全沒有想到要去改變自己的習性。

但光是這層了解並沒有回答我的問題，只說明了有七成的人知道了會真的去做，但並沒有回答我這七成的人運用了課程所學後，是否有變好呢？

這時，我了解到追蹤正是我訓練概念中缺少的一段，也是要讓人們改變還缺少的一段。我站在這，告訴別人，改善的一部分就是要去問同事：「我表現得如何？」但是我從來沒有追蹤過自己，沒有回頭評估客戶。我重新調整目標，開始做評估，不只看他們是否有變好，而且了解為什麼。我當初直覺到追蹤會是關鍵，於是開花結果。

八家企業中我追蹤了五家，評估他們的主管們執行追蹤的程度，這裡將追蹤定義為這些「領導人」候選人和同事間的互動，看看他們實際上是否改進了領導力。追蹤分成五級，從「頻繁互動」到「極少或沒有」。

結果又是驚人地一致。在光譜的一端，經理人極少或沒有在同事間執行追蹤的話，在領導力上就沒有得到有改變的觀感。在另一端，經理人時常作追蹤的話，同事對其領導力的好評衝高。

我很快得到一個明確的結論：不做追蹤無法改善，這就是第三個結論。

後來想想，這實在太有道理了，也正如彼得·杜拉克所斷言的：「未來的領導者是懂得如何問問題的人」。什麼都不說，這些研究就證明了，經常性尋求建言的經理人會被視為領導力在提升，不做追蹤的經理人雖然不見得領導力不佳，但別人對他們的觀感不會變得更好。

在某方面來說，我們的研究也支持了霍桑效應（Hawthorne Effect）的主要洞見。著名的霍桑效應是哈佛教授艾爾頓·梅育（Elton Mayo）在近八十年前，在西方電氣公司針對工人們做的研究，斷定了當工人認為老闆對他們的工作表現出較高的興趣及參與時，效率會明顯提高。從最表層來看，知道老闆正在看著，這是工人更認真工作的原因，但更細微地探究會發現，當他們看到老闆關心他們的福祉時，整個工廠的工人都會更有士氣地努力工作。

同樣的動能在我的追蹤研究中也發揮效力。做追蹤表現出你在意要改善，所以和同事確認改善程度，表示你在乎他們的意見。大約每隔一個月左右的經常性追蹤，顯示你是認真看待這個過程，沒有忽視同事的建言。這是追蹤裡重要的一部分，畢竟，要了人家的建言，但事後卻置之不理或沒有執行，那麼被別人視為不太真心想改善是理所當然的。

這整個經驗教給我第四個結論：要變成一個更好的領導者（或更好的人）是一個過程，而不是個單次活動。以往，多數的主管訓練都是認定單次活動的重要性，不論形式是訓練課程、激勵的演講或是主管訓練營。來自這八家企業的經驗證明了，真正的領導力訓練需要有過程，需要時間。這不會在一天中就發生，也不是像吞一顆硝化甘油藥片一樣立刻就能「奏效」。

這個過程很像是體能運動。想像一下，讓一群身材變形的人坐在屋內，聽聽運動很重要的演講，然後再看支示範運動的片子，也許花幾分鐘模仿這些動作。如果一年後這些胖子都還是胖子，你會感到驚訝嗎？身材變好的方法不是去理解運動的理論，而是經常練習。

嗯，這相當程度的歸結了缺乏追蹤的領導力訓練的價值，參加這個訓練課程無法讓人改善，要執行課程中所學才能真正變好。而「執行」在定義中就要納入追蹤。**追蹤將想變好的這個目標變成持續的過程，不只是為你，而且也是為你影響範疇裡的人。**如果在持續的進步中將其他人牽扯進來，一定會成功。畢竟，如果你進行節食，而且知道你在意的人每個月月底會檢查你的體重，你就比較可能會遵循減重食譜，堅持下去。

我每晚的追蹤功課

我要談一下我是如何進行我的追蹤功課。

我有一個教練，他的名字是吉姆．摩爾，他是我的老友，也是一名專業教練。每晚，不論我身處世界上哪一個角落，作為教練角色的吉姆會打電話給我問一些問題，多半是有關我的身體健康和身材的問題。每晚都是同樣的問題，知道吉姆會打電話來，我自己又必須誠實回答這些問題，這是我想要維持健康的追蹤方法。

第一個問題一定是：「你有多快樂？」因為對我而言，快樂最重要，否則一切都沒有意義，接下來的問題如下。

1. 你今天走了多少路？

2.做了幾下扶地挺身？
3.做了多少個仰臥起坐？
4.有沒有吃任何高油脂食物？
5.喝了多少酒？
6.睡眠有幾小時？
7.花多了少時間看電視或上網？
8.花多少時間寫作？
9.有沒有說一些好話給麗妲（我太太）聽？
10.有沒有說一些好話給凱莉和布萊恩（我的孩子們）聽？
11.你有多少次在不必要的時候試圖去證明自己是對的？
12.有多少分鐘花在不重要或超過你能掌控的議題上？

就是這些，我的「買一打送一個」。我知道這些問題聽起來好像很瑣碎、甚至淺薄，但我在很深刻的問題上反而不需要這種協助，我工作上絕大多數的時間都花在告訴別人他的人際關係，幫助他們在「有深度的」領域改進，在每一天中我得到夠多的「深度」了。

但是我的生活型態對身體健康形成很大的威脅，一年中有兩百天，我總是在趕路、飛來飛去、開車前往會議中心或待在旅館房間。如果我的太太不提醒我，我會不知道大部分的時候身處時區的正確時間。我沒有擁有一個「固定的」居家時程的奢侈，不能夠每天三餐定時、每晚睡在自己的床上，所以遵守一個健康的規定就稱得上是一種「每日功課」，我的生活中沒有固定的每日功課，唯一的規律就是在趕路。

吉姆每晚問我的問題處理的就是對我而言有難度的事，這需要自律。這事對我而言一點都不瑣碎或淺薄，這很重要。每晚的電話是我強化追蹤的方法。（順道一提，我回答吉姆這些問題後，換他回答他的問題給我聽。）

這很有用，我更能督促自己寫作（這本書就是證明），我減了體重、咖啡因攝取減少、看電視的時間也減少。我也將數十年來稍微走樣的身材修正回來。

做為一個追蹤價值的擁護者，我自己並不驚訝這點，關鍵就是要拉進另一個除了我以外的人。每晚寫日誌來回答這些問題雖是一種方式，但那對我而言不太算是追蹤，比較像是在日誌裡填入資料，卻會大幅減少持續成功的可能。（有多少人開始寫日誌不久後就放棄了？）

從一方面來看，將吉姆放入這個組合中，一個友善、具同理心的人，我不想令他失望（這是人的天性）。從另一方面來看，他提供了經常性的鼓勵和建言，就更像我在此形容的追蹤過程。這幫我評估自己的進展，提醒了別人我正在改善的努力。回報是，這給予我持穩的肯定，我的確正在改善。把另一個人加進來，就像給自己一面鏡子，你也確定會喜歡鏡子裡所見到的。

你也可以這樣做，可以擁有你自己的「吉姆．摩爾」。你可能會覺得要別人每晚打電話給你，又沒有付錢給人家，對別人是個過分的要求，會有這種毅力和自律每天打電話給我們的人真的是稀有動物。

真是如此？很多人早已在做類似的事了。

我知道有很多忙碌的成人，不論身在何處，每晚都會打電給年邁的父母，問問他們的狀況。

我的社區裡一群忙碌的媽媽們，組織起來跑馬拉松，或是十公里的公益賽跑，每隔一天就互打電話，約好隔日跑步、規畫訓練時程，讓每個人都能保有動力。

同樣的狀況發生在一群瑜伽愛好者的同事身上。他們很忙，但一定在每日下班後相約在同一個瑜伽教室裡，下課後一起聊聊自己的生活。

我們會這樣做是因為關心父母，認真跑步是因為想要精益求精，很享受瑜伽帶給我們生命的改變，所以能夠督促自己去做。

這種熱心可以，而且應該延伸到自己的生活上，畢竟，改變自己的行為或是人際關係難道不比關心父母或身體健康重要？

幾乎每一個你生命中的人都可以做好這個教練工作，可以是另一半、手足、兒女、同事或是好朋友，甚至可以是父母，他們在你孩提時叨叨念念，我很確信他們會很樂意再度「囉嗦」你，只是這次是你授意的。

挑選教練唯一的標準如下：

首先，不能讓教練不容易聯絡上你（有了手機之後，這不再是問題），你不會想讓一些技術問題變成沒有追蹤的藉口。

二者，教練要對你的生活感興趣，會真心為你著想，你不希望在你在逐一回答這些有沒有用牙線、吃維他命等問題時，對方大打呵欠。以吉姆·摩爾為例，他是個老朋友，同樣是肯德基州的人，我們很喜歡和彼此談話，要打電話給對方一點厭煩都沒有。

第三，教練只問列好的這些問題，而且不可以幫你的答案打分數。(警告，如果你的教練是另一半或父母，不能開口批評會有點難為他們。)

接下來的程序就簡單了。挑一個在你生命中令你不滿意、想要改進的問題，寫下十二個每日要問的小問題，問題不要太大，那會讓你的每日功課很難消化，好讓你在某個問題上做必須的改進。請你的「吉姆·摩爾」每天晚上問你每一個問題，就這樣。就像任何練習一樣，不必立即見到結果，但是如果每日堅持做下去，你就能把這些任務都達成。成果會出來，你會改變，會更高興，所有的人都會注意到！

第十二章

練習前饋

你已經找到阻礙成功的行為問題。

已經為了不管是哪一種對人造成困擾的習性而道了歉，不論他是在家中或工作上對你很重要的人。你說：「我很抱歉，我會改進。」他們也接受了。

你持續廣告周知要改變行為的打算，和重要的人作固定的互動，時常提醒他們你要改善，做法是提出目標，並且直截了當地問：「我表現如何？」

你也掌握了傾聽和道謝這兩個重要的技巧，現在可以不帶批判地聆聽別人針對你提問的回答，也不會打插、爭辯或否認。作法是除了說「謝謝」外，都把嘴巴閉起來。

你也學習到如何可以更勤快地追蹤，將這個過程視為不可或缺的一環，藉以進行一個持續、永不止息的廣告活動來：一、從別人那發覺你是否真的改善了，二、提醒別人你在持續努力。

擁有這些技巧，現在已經可以練習前饋了。

做為一個概念，或做為一件要執行的事，前饋簡單到我要將它命名都覺得有些臉紅。然而，有些最簡單的想法也常是最有效果的，而且因為是這麼容易做到，沒有藉口不去試試。

前饋要進行下列四個簡單的步驟：

1. 挑選一個想改變的行為，你知道這個改變會對你的生活有重大、正面的影響。例如，我想成爲一個更好的聽眾。
2. 在任何一對一的談話中，向對方描述這個目標，可以是你的另一半、孩子、老闆、最好的朋友，或是同事，甚至也可以是個陌生人。挑誰並不重要，他不必是這個問題的專家，例如，你說，我想成爲一個更好的聽眾。公司裡的任何一個人都知道這句話的意思，不需要是一個聆聽「達人」，也可以了解好的聽眾的意義。同樣的，他也不需要非常了解你，如果你有坐長程飛機的經驗，也會發現和鄰座的那名陌生人攀談，可以很熱心、懇切、坦誠地大聊你的問題，或反過來，是他來和你聊那些，你知道這種事常有。有些最真摯的建言是來自陌生人，我們都是人，都知道什麼是真理。當出現了一個有用的建議，我們不在乎是誰提供的。(若你再想一下，一個以往沒有瓜葛的人不可能拿舊帳來反諷你，連提都不會提起，也許才是最理想的前饋「夥伴」。）

3. 請這個人給你兩個關於未來的建議，好讓你選定的行為可以變好，以這個例子來說，就是成為更好的聽眾。如果和一個認識你、或共事過的人談，唯一的守則就是不可以提起過去，且內容都要和未來有關才行。例如，你說，我想成爲更好的聽眾，可否提供兩個建議給我？我將來可以照做，成爲一個更好的聽眾。對方建議，首先，將你的注意力都放在說話的人身上。調整身體成爲「聆聽的姿勢」，例如坐在椅子的邊緣，或身體前傾。第二，不要插嘴，無論對聽到的話多麼不能苟同，都不能插嘴。這兩個建言就是前饋。
4. 注意聽建言，想的話也可以記筆記，唯一個守則：不能批判、打分數、或用任何方式提建議，甚至也不能說一些正面的話，例如：「這個點子很棒。」唯一可以有的回應是，謝謝。

就是這些。問個建言，聆聽，說謝謝，然後和另一個人重複這個過程。在尋找前饋的點子時，不一定只能找一個人，那會像是將你的回饋（告訴你哪裡需要改進）限制在一個人身上，這會大大減少得到廣泛理解行為缺失的機會。你要和多少人進行前饋都行，只要對方提供了你可以採納或不處理（不是因為聽不懂）的好點子，前饋是一個永不止息的過程。

我在這裡歸納的，確實是每天應該而且可以在公司裡發生的對話守則，但這樣的對話卻很少發生，因為在大多數的職場中，我們沒有加上這些限制：問兩個建言、聆聽、說謝謝。即使我們在職場上遵循正常的禮貌守則行事，卻覺得有義務要在每一個討論中完全吐露真言。因為某些原因，當我們「置身」和另一個人的誠懇談話中，我們將此詮釋為要被迫辯解。因為我們喜歡成功，假設自己必須從爭論中取得勝利，認為自己有權利運用每一種辯論技巧打贏，也包括翻舊帳來支撐我方「論點」。

就算在最友善的環境中，誠實、好意的的對話也會突變成傷感情、造成誤解、產生負面效應的憎惡，這點會讓人覺得驚訝嗎？

前饋可以解決這個難題。

在我的系統中，前饋是傳統認知的回饋的改良型，這源於我在九〇年代初期與瓊・卡然巴哈的一場談話，我們當時都不甚滿意企業在尋找問題點時，常用的回饋機制，像是一些問卷設計，都只是強迫人一再不斷地重憶過往，讓同事間的討論變質為恐怖的爭論，吵著誰在何時對誰做了什麼。我希望在第六章「回饋簡史」的部分已經解釋清楚了，回饋有其價值，對於定調過去發生的事和組織目前的處境很有用，這和讀歷史無異，教導我們這一路是怎麼走過來的。但就像讀歷史一樣，這僅提供了過去的事實，不見得有提供未來的洞見。

然而，前饋和回饋恰恰相反，也就是說，假使回饋（正面負面都一樣）是你過去表現的成績單，前饋卻附帶著可在將來運用的建言。假使說回饋是過去式，那麼前饋就是未來式。

前饋最棒的地方是，可省卻我們面對負面回饋的兩大障礙，事實上，位居高位的成功人士不喜歡聽到（不論他們表面上怎麼說，老闆喜歡頌揚甚於批評），而屬下也很少願意說（批評老闆，不論他多麼熱切地表明「但說無妨」，這很少會變成升遷的原因）。

前饋將討論縮減到兩個人之間的親密範疇，如果這樣還不夠清楚（而假使這不是因為你我之中有一個人不夠專心的話），這本書和我所倡議的改善方法都決定於一個不變的概念。

我不是決定你要做什麼才能改善的人。

你也不是決定這些的人。

他們才是。

他們是誰？

你身邊的每一個人。每一個認識你、關心你、掛心你的人所決定的。

假設你想要變成一個更好的聽眾，一個教練可能可以解說該怎麼做，他的建議很正確、很真誠、很難反駁，但那只是通則。若能問你周邊的人會更棒，「有什麼辦法可以讓我成為你更好的聽眾？」他們會給你很清楚、具體的建言，而且攸關他們自身，他們如何看待你的聆聽技巧，而不是教練所能給予的泛泛之論。他們也許不是聆聽這個課題的專家，但是在那當口，他們真的比較了解你的聽話態度，或是不聽話態度，勝過世界上的其他人。

要等到讓每一個受你行為波及的人站到你這邊，參與你的改變，否則改善工程尚未開始。

這就是為何前饋的概念這麼重要。

前饋去除很多傳統回饋所產生的困擾。

它有用是因為，除了不太喜歡聽到批評（負面回饋）之外，**成功人士很喜歡得到有關未來的建言**。假使有必要改變特定的行為，他們會對可以改進這個行為的建言狼吞虎嚥，而且會對提出這些點子的人心存感激，而非厭惡。這是一定的。成功人士對作決策有很高的需求，傾向接受「自己決定」關心的點子，拒絕「被迫」加諸在身上的想法。

這有效果，是因為**我們只能改變未來，而非過去**。這並不是在討論心願、夢想或不可能的任務。

這會奏效，是因為**幫助別人做「對」是比證明別人做「錯」來得有建設性**。和回饋不同，那通常都會帶入錯誤和短處的討論，前饋則著眼於解決之道，而非問題。

就最淺層看來，這會奏效是因為人們不覺得前饋像回饋那樣具有針對性，前饋不會被看成是攻訐或詆毀，在自己想改進的事項上，很難因為得到一個對症下藥的建言而覺得受到侵犯（尤其我們並非被迫去執行這個建議）。

就較技術的層面來看，這會奏效是因當得到前饋時，只要當一個聽眾就好了，只要專心聽，而不必煩惱要如何回應，當你只能說「謝謝」時，不用擔心要如何構思好一個聰明的回應。也不能夠插話，看起來就會像是個有耐心的聽眾。練習前饋使我們「閉起嘴巴聽」，讓別人開口就好了。

然而，前饋是條雙行道，可以保護，但也能激發提供建言者最好的一面。

畢竟，我們之中有誰不喜歡在被詢問時，提供有用的建議？重點是前饋迫使我們開口問，經由這樣，我們擴大自己的宇宙，當中充滿了帶著很多好建議的人。開口問，當然要給對方回答的權利，這張權利書的價值非凡，確定的是，周遭那些聰明、心存善意的朋友，「了解」我們的的程度超過我們「自知」的程度。我猜他們會想提供幫助，多數的人都喜歡幫助別人，但他們不敢說，是因為覺得這樣很無禮，不請自來的建議會冒犯別人。一旦開口問就可以解除這個疑慮。

而且，這個過程不可能帶給別人痛苦，如果你給了我向你問來的建議，只會得到我的感謝，而不是痛恨，不是爭辯，不是懲罰。最重要的是，甚至給錯了也無所謂，無須證明你的建議很棒，因為我不會打分數，只會接受或笑一笑，這是一個可以去除擔憂和防衛的機制，同意嗎？

還有，前饋創造了在職場上樂見的互動，兩個同事互相幫助彼此，而不是有一個主管在那開口批評，這就是助人為快樂之本的感受。

留在河邊

如果前饋聽起來像是在深夜電視節目中看到的減肥廣告，保證可以加速新陳代謝來減重，我倒要先致歉了，前饋不會讓你變瘦。

但可能會讓你更快樂。這個概念聽起來這麼簡單，與其重新處理不能改變的過去，**前饋鼓勵你花時間創造未來，方式是：一、詢問關於未來的問題，二、聆聽建言，三、說謝謝就好了**。到目前為止，最主要的元素是不許重提過去，完全不允許，強迫你放下。

這點很重要，當你想到，有多少企業花了很多時間空轉，消耗在無止盡地數落同事的錯誤，或是一再重述真的或自己想像的狗屁倒灶來製造內部壓力，或是讓培養團隊默契的會議淪為「讓我告訴你哪裡做錯了」的互鬥，而沒有去問「請問我們哪裡可以做得更好？」的和諧。

一則古老的佛門公案說明了放下的價值。

兩個和尚要渡過一條河回到僧院時，突然聽到一名女子嚶嚶的哭泣聲，她穿著華麗的新娘禮服坐在河岸。這名女子望著河水，眼淚不斷流下臉頰。她必須渡河去完婚，但她怕漂亮的禮服會被河水弄濕。

在那個時代，和尚是嚴禁觸碰女人的。但是其中一個和尚非常同情這個新娘。他決定不管戒律，把女子扛上肩頭，揹她過河，挽救她的禮服。在他走回頭到同伴那去時，女子笑著，充滿感激地向這名和尚行禮。

然而，第二個和尚卻臉色鐵青，「你怎麼可以做這種事？」他訓誡，「你知道我們是不可以碰觸女人的，更何況是把她揹起來走。」

第一個和尚一路靜默地聽這番義正辭嚴的訓話，直到回到僧院。他的心思其實早飄向溫暖的陽光，鳥兒的歌唱。回到僧院後，他沉睡了幾個小時，半夜時他被第二個和尚搖醒。

「你怎麼可以揹那個女人？」這個惱怒的同伴大叫，「可以讓別人去幫她渡河，你是一個壞和尚。」

「什麼女人？」和尚睡眼惺忪地問。

「你居然不記得？那個你揹了她過河的女人！」他的同儕怒氣沖沖地說。

「哦，她呀，」這個渴睡的和尚笑笑，「我只是揹她過了河，你卻一路把她揹回僧院來了。」

這個教訓很簡單：關於我們不完美的過往，留在河邊就好了。

我不是說我們永遠都該放下過往，你需要回饋來清理過往，找出問題點，但你無法改變過去，要改變必須分享對未來的想法。

賽車選手的訓條：「看著路，不要看牆。」

這就是前饋做的事，誰知道呢？也許這不只會幫你贏得比賽，待在跑道上的時光也會更快活。

第四部

喊停

領導者學習如何運用改變守則，

並且知道什麼事要喊停。

第十三章

改變守則

假如我必須將最好的客戶選出來，標準是依改進的幅度及速度，那會是一家大型製造商的部長，姑且叫他哈倫。

哈倫主管四萬名員工，在他龐大的事業部表現出色，他的下屬很認同他的領導能力。他的老闆，也就是執行長，非常希望他能多花時間做跨部門的互動，將領導力帶給整個組織。

我和哈倫一起走完全程：下定改變的決心、對提供回饋的人道歉，告訴他們要改變，經常和他們一起做追蹤，檢視他在別人眼中的形象。之所以說哈倫是我最完美的客戶，令我印象最深的是他「一點就通」了。他對我的方法照單全收、大量吸收，而且立刻付諸行動。我本來預估，會歷時一年半的標準作業期，但一年之後，哈倫的驗收成績已是我看過最短時間內成長最多的了。

我飛到哈倫的總公司，走進他的辦公室，說：「完工了，你得到有史以來的最好成績！」

「你說啥？我們應該連開始都還沒有吧？」

「嗯，我花了很多時間，從你同事那蒐集了回饋，這點不要忘了。而且，沒錯，我們一起工作的時間很短。然而這些分數顯示，你去年和同事間有的那些問題，已經蒸發了，他們認為你非常積極參與，努力造福整個公司。別忘了，你每年的薪水是數百萬美元，時間很寶貴，比我的還寶貴，你認為執行長會希望你在哪花掉這些寶貴時間？幫公司賺錢或還是和我天南地北？我想這個答案很明顯，我做的不是按時計價的工作，而是改進工程，你已經變很好了。」

哈倫認同這個觀點，我對自己也很滿意（如果你想聽實話，那已經差不多叫做沾沾自喜了），所以我選擇浪費一點他的寶貴時間，問：「你覺得這整個過程中，學到什麼？」

他的答案嚇了我一大跳。

「我學到你的工作祕訣，馬歇爾，那就是挑選客戶，你『篩選』客戶的程度讓你幾乎立於不敗之地，你拿了整手好牌。」

我很驚訝他不談自己，而把重點轉到我身上來。然後他說了更有哲理的事。

「我欣賞這一種選擇性，因為這也是我在這兒的行事原則。如果我身邊都是對的人，就能高枕無憂；但如果我底下都是不對的人，就連老天爺也無法用那副牌贏。」

我想這是哈倫之所以堪稱完美客戶的另一原因，雖然我表面上都聲稱是因為方法很簡單，但他仍然可以穿透所有的天花亂墜，找到我的小祕密：我讓事情容易成功。我不會在必輸的賭局下注，我只輔導有很高成功潛力的客戶，有人想用別種方式經營事業嗎？

傑克·威爾許有一回告訴《君子》（*Esquire*）雜誌，他小時候在沙地上玩棒球時學到的教訓，「你年紀很小的時候，都是最後才會被球隊挑到的人，然後還被放到右外野。隨著年紀的增長，換你把人放到右外野。隨著成長，你學到一件事：選到最強的選手就可以贏球。」

當你的年齡愈長，苦思成功的道理，疑惑為何有人成功，有人不成功，就會找到常勝軍的關鍵特徵：他們累積好牌，也大方承認。

他們會雇用最棒的人，而不是將就還可以的人。

做法是，他們會不計成本地留任一個很有價值的員工，而不會把他拱手讓給對手。

做法是，全力為談判做好功課，而不是邊走邊瞧。

如果你研究成功的人，你會發現，他們的功績不在於克服多大的困難和挑戰，而是如何避掉高風險、低報酬的狀況，全力增大他們的贏面。

例如，你有沒有疑惑過，為何公司裡最成功的主管也都有最能幹的助理？答案很簡單：成功的主管知道，一個能幹的助理可以幫忙擋掉許多不當的干擾，不從正務分心。假使你以為，一流主管擁有一流助理純屬巧合，那在累積好牌這門課，你還要多修些學分。

對成功的人來講，贏的策略十分清楚，要提這些我甚至有點不好意思，但是很奇怪的是，有很多人還拼命繞遠路，把手上的好牌丟棄。

談到人際行為時，很多人的常識變得模糊、遲鈍，不知道自己的人生真正使命何在。他們找不出或不承認讓自己裹足不前的行為，也不知道要選擇何種策略好解決問題，通常還會選錯該處理的問題。換言之，一直挑錯牌。

下面的七個守則可以幫你抓到改變的訣竅，好好遵守，就能累積一手好牌。

守則一：你得的病可能不是調整行為就能解決的

多年前，我被請去輔導一個一流藥廠的執行長，他的回饋報告不可思議，他的同儕和下屬真心喜愛這個傢伙，和他接觸過的人對他全無惡言，我從來沒有碰過有人在人際關係上得到這種完美成績。

「哪裡有問題？」我說，「連我也會渴望和你一起共事，但你的病不是我可以治的，你需要的是一個技術怪傑，坐在身邊指導你。你不需要我。」他有點像是一個憂鬱症患者，因為胸腔裡有點痛，就覺得是得到肺癌，其實那只是肌肉有點拉傷罷了。

有時候，我們會把人際問題和其他問題混為一談，在這個藥廠的案例中顯然就是如此，然而行為瑕疵和專業不足之間的界限也可能很模糊。

我曾受邀去輔導一家知名投資銀行的財務長，我們稱他為大衛。這傢伙的案例很有趣，他年輕、野心勃勃、積極、經常達成目標那種型，他也不是個自負的萬事通先生。事實上，大家都景仰他、喜歡他。在人生的牌局上，大衛抽到四張A和一張九（雖不完美，但也相去不遠了），要確認這一點，只要看公司裡的人如何對待他就好了。辦公室裡的女同事簇擁著他，下屬競相爭取他關愛的眼神，其他部門的同事很能自在地和他開玩笑，看起來活像可以為彼此兩肋插刀的死黨。大衛似乎活在一個理想國度，他走進屋的一剎那，所有的事各就各位。

我有點狐疑，「我來這做什麼？」

當我研究大衛的資料後，一張扭曲的圖像呈現了，在常見的人際缺陷中，他都沒有特別嚴重的，除了一點，大家都覺得大衛的聆聽態度應該要好一點。他似乎沒有把話聽完，而且好像也不懂得大家的貢獻度。

這和大衛其他優點兜不攏，一個懂得訊息分享、激發忠誠感、極受歡迎的主管，聆聽的分數竟然超低！那可是人際技巧中不可缺席的一環。

然而，當我進一步探究，有一個比較複雜的圖像呈現了。原來做為財務長的大衛也是公司的媒體發言人，每一季，他都必須和分析師及財經媒體說明公司的重要事件。很多銀行機構都在千禧年初犯了同樣的道德瑕疵，唯獨他們公司受到指責，其他公司在這樣的情況下得到媒體的善待，但大衛的公司被砲轟。每天都有新的標題打擊這家公司的信譽，大衛首當其衝。

大衛底下的人都懷疑，為何他不能把話說得漂亮。「我們其實很棒，」他們想，「但是卻沒有因為很棒而受到肯定。大衛是負責把消息給出去的人，卻有辱使命，所以，大衛並沒有好好聽我們跟他說的話。」

很有邏輯的連環思維，如果你是他的下屬的話。

但如果你是大衛，可不會這麼想。

大衛的問題不在於不理會別人告訴他的話，做為財務長，他知道他們的成果甚至比其他任何一家都好。大衛的問題是，他不太擅長「操縱」媒體。

這不是行為問題，而是技巧問題。大衛需要立刻找一個教練沒錯，一個媒體關係教練，但他不需要我。

你要小心回饋，適當地處理，回饋不會蒙蔽你，它會揭露別人心中的真相，但卻可能會錯誤詮釋（人只看自己想看的），或是錯讀了（看到不存在的東西）。

記住這點，有時回饋是透露一種症狀，而不是一個疾病。症狀若是頭痛，可能等一下就會消失，但若起因是腦瘤，就不能置之不理，必須治療。我常在企業短暫走下坡時看到這種狀況，這時回饋中就會看到惱怒的員工對著代罪羔羊拼命發洩不滿。但憤怒的員工需要得到傾聽和處理。

有時，像是大衛的例子，回饋揭發了的問題，只要在這個人身上做一兩項調整就解決了。但要小心，你可能修理到沒有壞或根本不需要修理的部分，或是你不是能修理的人。

守則二：挑對要改變的事

剛接觸客戶時，我常要優先處理的問題，就是錯誤的慾望或是選擇。這很微妙，但就是如此。畢竟，慾望和選擇是不同的事，所以當我們追求或選擇錯誤時，就會把事情弄擰。

這個細分是源自購物心理學的研究。例如，我們有想要一件毛衣的慾望，然後我們就會根據一個綜合下來的想法，去挑選到某一件。例如，人們要購買特定款式的理由有千千萬萬種，有些可能是基於保暖，有些人會是因為喜歡它的觸感，有人想要買穿起來漂亮的，或者因為它的品質獨步全球，或是因為它是最貴的（或最便宜的），或是款式最時髦，或是和我們的膚色穿起來很相襯。要買一件毛衣的理由可以一路數下去，基本上，我們想要有一件毛衣，是因為覺得那會讓我們更快樂。錯誤追求是要等我們發覺東西到手後並沒有讓我們變快樂時才會醒悟自己並不是真心想要它。

選擇有一點不同，一旦決定毛衣就是我們要的東西，我們一定會在一長串的選擇中挑到最佳的。是要挑那件標價三萬多元的亞曼尼喀什米爾毛衣？還是那件一千六百元的英格蘭製藍色羊毛衣？兩者都很保暖，也很襯膚色（如果這是目的的話），但是如果預算有限，後者會是較聰明的抉擇。

同樣的差異也在立志改變的人身上產生，我的第一個任務就是協助他們區別人生中的慾望追求，以及決定要如何達到目標。同樣的，又是一個慾望和選擇的差異。我不參與慾望追求的部分，那不是我該管的。要去評斷別人的人生目標意味著要做價值判斷，對別人的生存理由置喙，我不做這種事。（同樣的，我也不要他們來對我的目標說三道四。）這就是我所謂的任務中立。

然而，我對人們選擇達成目標的方法可有意見了，完全不中立。如果他們選擇錯了，肯定會失敗，也就是意味著我也失敗了，這絕對不會是我的人生目標。

所我很嚴肅地和他們坐下來，幫助他們決定需要改進的部分。

第一個工作就是檢視哪裡做得好，哪裡需要改進。成功的人，從定義上來看，就是做對很多事的人，這不需要調整。

然後把範圍縮小，不是每一種缺失都需要處理，假設我已經讓一個人下定決心要變好，也決定要改變一些事，我通常得很辛苦才能說服成功人士：不是每一件事都需要改進，成功人士有一種過度承諾的強大傾向。倘若你歸納出七項缺失，他們會想全都處理掉，這是他們有成就的主因，也就是「如果你想要讓一件事情做好，交給一個很忙的人」這句老話後頭的真理。所以，我的第一項任務是告訴他們：「不要過度承諾。」然後說服他們。

我也深知，給別人不設限的選擇，只會令人不知所措。面對過多選擇時，他們就會在選項間徬徨，想要做出最佳抉擇。成功人士痛恨犯錯的程度較諸想要做對，有過之而無不及，反而容易因此卡住：因為無止盡地想要找到最佳選項，結果反而無法做出決定。

所以我將他們的注意力轉向最關鍵的一個缺陷上，在多半的案子中，都把這視為純粹的數字遊戲。

假設你來請我輔導，我們一起看過你在五個需要改善領域的資料：百分之十的同事說你不認真聆聽；百分之十說你不分享訊息；百分之二十說你都不遵守期限；百分之四十說你太八卦；百分之八十說你易怒。

哪一項我們應該拿來改進？客觀地說，用鼻子想都知道，是你嚴重的情緒失控問題。五個人當中就有四個覺得你的脾氣不好，我們得先處理這個問題。

你會覺得這是理所當然的，然而，有很多我輔導的人想要略過這個迫在眉睫的問題，想要先處理其他的缺失。我不太懂為什麼，也許是因為想否認（雖然進行到這個階段，你已經都決心要改變了，否認應該早就不是問題了）。也許是因為我們的本能，想要走最省力的路，把簡單的先處理掉，或正好相反。

不論是何緣故，我做為一個教練的工作是要讓你看清，你必須要先能掌控情緒，才能尋求進步。另外那些瑕疵是無實質意義的，是雷達螢幕上看不到的，半數以上的同事甚至沒有提到那些是問題。這就是你如何選對要改變的項目。

其實，我可以了解為什麼人們做選擇時會有困難，以高爾夫球為例，百分之七十的揮桿都發生在離旗桿一百碼內，這是基本常識。這稱為短揮桿，包括擊上果嶺、長草區救球、沙坑擊球、推桿。如果你想要得到較低的桿數，就專注調整你的短揮桿，它占至少百分之七十的成績。但是，如果你去高爾夫球練習場，你會看到沒有什麼人在練習短揮桿，多數人都在練習以重量級開球桿，盡可能把球擊遠。統計上看來，這完全沒道理，因為打完十八洞的過程中，他們只需要用到十四次開球桿（頂多），但至少要用短桿和推桿五十次。在運動學上，這也不合理，短揮桿需要的是細微的小肌肉運動，要比從開球釘上將球擊出的大塊肌肉強化容易練就。就贏球的機率上來看也不高，如果你將短揮桿練好，會打出較低的桿數，然後贏球。

數字不會騙人，但就連最熱愛高爾夫的人也枉顧事實，不肯去調整最亟需的部分。（我的直覺是，要整天把球從沙坑裡打出來，就是不像用力揮桿把球從開球釘上擊出去那樣好玩。但是我憑什麼批評人家呢？）假設打高爾夫球的人想要累積一手好牌，他們若花一個小時試圖把球擊出一英里，就相對應該花三個小時練習短揮桿，但很少人會這樣做。一定要每天都有一個嚴格的教練站在身後，強迫他們進行應該追求的例行練習。

如果你覺得要人們去修正打高爾夫球的弱點很困難，（別忘了）這是一個高度娛樂性的運動，而且全在我們自己的掌控中。想像一下，要職場上的人改變會有多困難，那上頭的風險更高，結果又不完全在我們的掌控中，這就是我要嚴肅看待這個課題的緣故。當人決心要變好，是在做一件困難又有勇氣的事。事實上，我是在客戶要開始修正缺點時，而不是完成時，為他們鼓掌。假使他們下定決心要遵從建議，成功就指日可待了，我不需對既成的事實鼓掌。

守則三：非得改變的事不要自欺欺人

我受邀去輔導一名叫馬特的財務長，同樣的，問題在於馬特的人際技巧，他的財務長專業沒有任何問題。馬特會讀損益表、聰明地和銀行周旋，讓最好的銀行願意支持他的公司。事實上，在這個傢伙監管公司現金流的同時，比公司過去的任何一任財務長累積了更多的權力。如果你想要進行一個花錢的點子，就必須呈到馬特面前，他幾乎跟執行長一樣，可以決定任何新案子的生死。

然而，這正是問題所在。馬特對自己的重要性感到驕傲，表現出的形式是直率的批評、不屑，而且他的下屬也愈來愈難上達天聽。

這就是我來的時機。

「馬特，我們必須來進行一些改變。」我說。

馬特打斷我。

「我真正想要做的是減重十公斤，讓全身肌肉更結實。」

「你是在開玩笑嗎？」我問，我知道想調整他的行事風格會受到一些抗拒，但沒有料到會要討論到他的身材。

「沒錯，」他說，「我是認真的。」

「你寧可練出腹部的六塊肌，也不想在工作上變得更好？」我問。

「那是讓我不開心的原因，」他說，「就是我會這麼難搞的原因，如果我可以改善這個狀況，也許所有的問題就迎刃而解了。」

我必須讚美他的誠實，但不是他的邏輯，這和他的回饋上的描述一模一樣，上頭說他自以為是到誇張的地步，自以為無所不知，這就是需要改進的地方。

同時，我也知道這句老話：沒有健康，其他的甭談了。所以馬特也許沒錯，也許當他對自己的外表、健康、精力更為滿意時，其他的部分就會回歸原位。

所以我就順著他的話。

我說：「你看，這裡說你對別人應該要更體貼，不要那麼直率，也不要太自我。而且你只關心自己，只想練出腹肌，你認為哪一樣比較容易達到？六塊肌還是一個工作上的小小人際缺失？」

「六塊肌，」他說，「這只是毅力的問題，只要每天練習，不間斷。」

「嗯，」我想，「這倒沒話說，只要每天練習不間斷，就會得到成果，達到目標。」

問題只有一個：那很難。連最起碼的維持都不容易，但馬特看不清這一點。

我在過去二十年，住了三千晚旅館，時差讓我很難入眠，只好開電視作伴。換句話說，我親自看到深夜廣告型節目，知悉所有最新研發的健身工具，也對所有強力推銷的台詞耳熟能詳。

「你願意花多少錢買到這樣的外表？」

「只要一個禮拜，你就會對自己更滿意。」

「做起來很舒適，我們來示範這有多麼容易做到。」

「每天八分鐘，啤酒肚不見了，你會得到夢想中的六塊肌。」

我猜馬特因此覺得要得到一副健美先生的身材，要比稍微用文明一點的方式對待同儕容易。他被這些五花八門的廣告詞洗腦了，以為任何人只要花一丁點力氣和意志力，就可以得到世界級的體魄。

我沒有質疑馬特的目標。

但我擔心他對應該如何設定及達到目標的理解力。為什麼這樣說呢？

我研讀過很多關於目標設定及達成的研究，多數都設定在飲食控制和減重上，因為：一、很龐大的人口都對這種目標感興趣，二、很容易追蹤評估，三、全美國的過重和身材變形人口已達史上新高，也會出現龐大的（嚇人的）失敗人數。人們節食和減肥不能成功，主要的五個理由：

- **時間**：花費的時間超過人們預期，但他們時間不夠。
- **努力**：這比預期的難度高，投資報酬率又不高。
- **分心**：人們期待某個「危機」出現，把他們從持續這種計畫中解救出來。
- **報酬**：已經有一些進步時，別人的反應不如期待，沒有立刻讚賞這個新形象。
- **恆心**：一旦達到目標，人們就忘掉保持身材要多努力，並沒有預期自己得一輩子遵守這個計畫，慢慢地放棄，終至完全恢復原狀。

這就是我在馬特辦公室裡的苦口婆心，我並沒有想說服他放棄六塊肌計畫，（只要他高興，我沒意見。）我只是讓他看到他對於目標的不切實期待。

改進身材是非常值得做的，很多人也做到了，但是那絕不容易。例如，會排擠掉工作的時間，也可能花比廣告、健身書、體能教練所宣稱更多的努力。他極為忙碌的財務長生涯或家中事務很可能會令他分心，最重要的是，就算他達到目標，也不保證報酬會是讓他變得比較好相處。相反的，也可能讓他更虛榮、自滿、令人難以忍受。當然這也不保證，他的同事會突然欣賞他的新外型。（有可能還會討厭呢！）

最後一點我看是免不了，他在同事間的處境已經很艱難了，他從沒有想到，私底下想改進外型的努力可能會造成反效果，讓同樣的一群同事更排斥他。這很有可能，因為這個努力根本也把他們排除在外，這是馬特極為自我的另一個明證。

雖然我走進馬特辦公室時，並沒有預期到要去談論腹肌的事，但這個會面也有意外的收穫。因為我們設錯節食和健康的目標，也同樣會設錯其他的目標。如果你想成功設定目標，在開始做之前必須面對事實，也認清可以有的回報。了解「立即生效」和「方法輕鬆」，也許不會達到「持續的效果」，或是「具有意義」。持續效果需要花很多時間，要努力、要作些犧牲、要有毅力、專注，才可以長久維持。而且就算你都做到了，報酬也許會和期待有落差。

這樣好像不太支持深夜的廣告型節目，但是對達成任何真正的改進會是最佳教材。

「現在，」我問馬特，「我們準備好要了解同事們對你的觀感了嗎？」

守則四：不要怕聽事實

我已經快六十歲了，這種年紀，最重要的資訊回饋叫做年度體檢。做為回饋，事實上它提供了生死攸關的訊息，我有長達七年的時間都在逃避這件事。怎樣都不要去看醫生七年很難，但我做到了，我告訴自己：「等我吃了一陣子『健康』食物後，就去體檢，我要開始規律運動後，才會去體檢；我要等身材較好時，就去做體檢。」

我是在唬弄誰？醫生？家人？還是自己？

你有沒有逃避健檢，然後用類似的話告訴自己？有半數和我合作過的客戶們有。

看牙醫這事又如何呢？將預約的時間盡可能延後，在看牙之前，發瘋似地拚命用牙線？

老實說，在這種行為後頭的推力是我們想要面子，想要在牙醫的「測驗」上得到好成績，所以才會這樣備考。

然而，這個行為後頭還有一個更大的理由是，我們不想面對事實，事實上心裡早就有譜了。我們知道自己需要去看醫生或牙醫，但不採取行動，可能因為不太想聽他們要說的話。我們以為，如果不去尋求關於健康或牙齒的壞消習，就不會有任何的壞消息。

在個人生活裡也一樣，例如，當我在一家很大的銷售型組織上課時，我對業務團隊丟了一個隨堂測驗。

「你的公司有教你去做顧客意見調查嗎？」

回答是的聲音此起彼落。

「這有用嗎？會告訴你哪裡要改進嗎？」

又是一陣是聲連連。

然後我問這些男士：「你們在家裡有經常這麼做嗎？也就是，問太太：『我怎麼做可以成為更好的老公？』」

這回取而代之的，是一片靜默。

「你相信這種東西嗎？」我問。

又是一陣是聲連連，「當然！」他們的回答很一致。

「嗯，我猜你的太太對你而言應該比客戶重要吧，對嗎？」

他們點頭。

「那你為何在家裡不這麼做？」

當這個真相敲醒他們時，我可以看出他們全部都在苦思該如何回答，他們害怕得到答案，害怕那可能會太接近真相，還有，更糟的是得去處理。

關於人際缺失，我們想，只要不去問對方關於自身行為的意見，別人的批評就不會說出口。

這種思維是在悖離邏輯，該停止了。發掘真相會比活在否認中收穫更多。

守則五：沒有所謂的完美行為

看齊這個概念是說，會有一種由人、組織展現出來的表現是十分理想的，這是讓想改變的人慌亂的主因。這並不是說，效法某個類型中的模範生不會有收穫，但如果運用得不好，弊會大於利。有時，想追求「完美」會排擠掉「比較好」的。

在我的行業，存在很多成功行為的模範，但那是綜合體，經常是由數個人及數個案例組合而成。不論是完美的模範人物或組織，都並不存在。這只是人們的迷思，他們相信有所謂理想主管的存在，我們應該向他看齊。

你不會也不必滿足所有的人，假使有一張清單，列出三十九項理想主管的特質，我絕不會說你必須全部三十九項都要擁有最高得分。你只需要符合其中一些，不論三十九項中有多少你沒有具備，真正的問題是，情況有多糟？有差到必須救嗎？如果不會，就別為它瞎操心，你沒問題啦。

有件事讓我覺得欣慰，在許多人心中，麥可．喬登是籃壇第一人，然而在小聯盟裡，他卻是個平庸的棒球選手，去打高爾夫球時，要趕上我聖地牙哥住家半徑八百碼內的二十名高爾夫球員都很困難。即使麥可．喬登是天賦異稟的超級運動員，堪稱其他籃球員的標竿，但他也只能精通一種運動，那你又憑什麼以為自己有更大的能耐？

不只是運動如此，我和許多理財領域的客戶合作過，當我檢視這些公司相對於對手的年度表現排行時發現，某家是投資銀行的榜首；另一家是購併榜首；而另一家是固定收益有價證券榜首，十二個領域看下來，沒有一家是雙冠王，沒有一家是全料冠軍，甚至有只有少數幾家在不同的兩個類別中名列前茅。在這樣一個環境中，大公司裡充斥著頂尖商學院畢業最優秀、最聰明的人才，但競爭還是激烈到沒有任何一家可以囊括所有第一。

在職場上也是如此，看看你的公司，有人是最佳業務，有人是最佳會計，有人是最佳經理，但沒有人囊括全部。

這不是甘於平庸的藉口，這是現實人生，這只是讓你理直氣壯地作抉擇，選擇一樣專長精進，而不要樣樣通樣樣鬆。

即使在我這樣一個已經很窄的主管教練專業領域，我還是將自己的精力專注在一件事上：幫助人們達成長期的行為改造。我不搞策略，不搞革新，不做資訊科技、媒體關係或職場心理學的輔導。我不做的清單可以寫滿數十本書，但我可以接受，因為我選擇在教練領域的窄小一隅中，做到最好。假設我目標是要在這裡拿金牌，我必須向這個事實妥協，甚至不會涉足別的領域一步。

同樣的原則也適用在改造行為的任務上頭。選出一個重要的缺失，「攻擊」到讓它不再發生影響。如果你是個壞聽眾，想要變成一個較好的聽眾，而不必是全世界最好的聽眾（姑且不論是根據誰的定義！）假設你不分享訊息，變得更會分享，直到它不再是個問題（但要了解，你不會讓每個人都完全滿意，這沒關係）。

向別人看齊很好，因為這讓我們上進，但當用在自己身上時，我們經常都過度賣力。這裡我們強調的改進方式是「準備、射擊、瞄準」，我們不會評斷標竿的好壞，只要做到任一方面的最好就好了。

至於我們想要作的長效改進，我們只有一把槍，一顆子彈，你不能用這個武器瞄準一個以上的目標。

附註，不理會標竿會有一個額外好處，人通常會擔心，如果自己甲項變好，乙項就會變差，仿若改進是一種零和遊戲。這不對，統計上來看，如果你甲項變好，也可以幫其他部分改進。我有超過兩萬份的回饋問卷來背書這一點，如果你是一個糟糕的聽眾，想要變得比較專心聽人說話，那麼你也會被看成更尊重別人，不會因為不經意的輕忽，讓好的點子漏聽了。這個改變會讓你看起來是個更投入、更體貼的主管，士氣會因而提升，當然更好的業績也會創造出來。所有的好事都肇因於單一的改變。這是統計數字說的。

守則六：如果可以測量，就可以做到

大多數人在職業生涯中都花了很多時間做測量，測量業績、利潤、成長率、投資報酬率、家庭收支、每季銷售額等。在很多方面看來，要做為一個有效能的經理人和領導者，就是要能夠建立好測量每一件事的系統，這是唯一可以確知表現如何的方法。看到我們對測量的上癮，以及它公認的價值，你會以為我們對於在職場上「軟性價值」應該會更善於評量才對：我們多常對別人不禮貌，多常以禮待人，多常尋求建言，而不是要別人閉嘴，多常隱忍，而不是丟出一些不必要的情緒發言。這些是很難量化的「軟性」價值，在人際表現裡，就像我們可以提出的數據一樣重要，如果我們想要改造行為的話，這些很需要關注，也才能受認可。

大約在十年前，我決心要成為一個更懂得關懷的父親，我問女兒：「我要如何做才能變成一個更好的爸爸？」

她說：「爸，你常出差，但我不介意你這麼常離家，最令我感冒的是你在家的行為。你講電話，看電視上轉播球賽，卻沒有花很多時間在我身上。有一個週末，你才剛出差兩個禮拜回來，我朋友開了一個派對，我想去，但媽媽不准，她說我應該花時間陪你，所以我留下來，但你並沒有花什麼時間在我身上，這很莫名其妙！」

我很受傷也很震驚，因為：一、她活逮我，二、我這個笨蛋爸爸讓他女兒受無謂的痛苦，世界上應該沒有什麼更難堪的感覺了，我向你保證，你不會想看見自己的兒女感到難過，更不願意自己還是罪魁禍首。

我很快地打起精神了，然後採取一個我教給所有客戶的簡單回覆。

我說：「謝謝，爸爸會改進。」

從那一刻起，我開始記錄有多少日子中，我至少有花四個小時和家人互動，不看電視、影片、足球或是分心講電話。我很驕傲地說我改進了，第一年，我記下九十二天和家人不太受干擾的互動，第二年，一百一十天，第三年，一百三十一天，第四年，一百三十五天。

在那一回和女兒談話後的五年後，我花了更多時間在家人身上，我的事業也比輕忽他們時還更成功。我感到驕傲得很，不只因為成果，也因為這個事實，就像一個訓練有素的軟性數字會計，我把這些數據化了。我很志得意滿，事實上，我跑去和當時都還是青少年的兩個孩子說：「孩子們，一百三十五天，今年的目標要設多少？一百五十天好不好？」

兩個人不約而同地說：「不要，爸，你已經做過頭了。」

我兒子布萊恩建議削減到五十天，女兒凱莉同意。最後，兩個人都贊成要大量刪除和老爸在一起的時間。

我沒有因為他們的反應而沮喪，這回如同早五年前和女兒談話時一樣讓我恍然大悟，我這樣專注在數字上，想要每一年改進我的家居表現，忘了孩子也改變了。在孩子九歲時很合理的一個目標，當他們長成青少年時就不再適用。

如果我們聰明到足以看到該測量的重點是什麼，那麼每件事都是可以測量的，也可以發展出追蹤機制。例如，不論你有多忙碌，或是你的工作需要多常出差，要計算你一年在家待多少天是容易的，要做的只是看著月曆，然後數一數。然而很多人，特別是為人夫為人妻、為人父母的人，會對經常必須離開親愛的家人，而覺得虧欠，但卻從來沒有想到要估算在家的日子？

但奇怪的是，在辦公室以外的很多事情上，我們也很自然地會習慣這樣做。準備參加賽跑的選手經常會測量他們跑多快，會用本子記錄下來每週跑多少英里，就算是一個想要保持身材的業餘運動員，也會上健身房，大概記住昨天舉重的重量，這樣三週以後，就會想再加上兩成重量。那麼為何我們不將同樣的舉措放到真正重要的目標上頭？

一旦你見識到測量生命中軟性價值的美妙，其餘衍生的好處也會跑進來，就像設定具體數字會讓你更容易達成目標。例如，另一個我加進家庭生活的測量，是要看看我是否每天可以和太太、兩個孩子，進行十分鐘一對一的談話。十分鐘很短，但比起零來講，是很大幅的躍進。我發現，一旦去做測量，通常就能做到，如果有點遲疑要不要做時，我會告訴自己：「嗯，只要花十分鐘，就達成目標了，也許我有點累，但是管他呢，就去做吧！」如果沒有一個可以測量的目標，很可能會算了。

守則七：把結果金錢化，創造一個解決方法

用來改變自己行為的同樣舉措也可以用在別人身上，尤其天秤的另一邊牽涉到金錢的時候。

例如，當我的朋友注意到他的孩子從學校回來後，滿口髒話、用詞不雅時，他就為全家設了一個「髒話罐」，每一回有人口吐一句髒話，就必須丟三十元到罐子裡。這家的爸爸第一件觀察到的事是，在第一週繳了一百多元之後，他才醒悟到是他在孩子面前常說髒話，也終於知道他們是向誰學到這個惡習：他本尊。把懲罰金錢化很有用，當你真的必須為錯誤付出金錢代價時，會對它們很警覺，除非你喜歡花冤枉錢，甚至最後會改變自己的行為。才過一個月，不登大雅的言語全撤場了。

要引誘人們去改變行為有許多方法，只要有用的，我都舉雙手贊成，不論是發紅利、罰錢、送禮物、給休假。這

個概念很簡單，但很神奇的是，極少的人會想到要用財務獎勵來終止問題。我已經輔導主管二十年之久了，但只有在二〇〇五年時，曾有一個客戶將一個金錢誘因設計到改進的過程中。他是西海岸（West Coast）公司的一名高級幹部，他的問題是不分享訊息。公司的執行長向我保證，不論回饋調查有多難看，或是員工有多大的反彈，我一定收得到錢，「這傢伙一定會變好，」執行長說，「他寧可死也不肯失敗，不計代價。」

執行長說對了。協助這個人是很開心的事，因為他真的下定決心要改進，他很快地領悟到，在這個過程中最重要的成員，不是他也不是我，而是在他身旁及底下工作的人。所以他做了一件我前所未見的事，他確定了過程中最重要的人，是他的助理，她是每天從早到晚看見他的人。她最清楚他的缺點，對他最該改進的部分可有意見了。她也處於絕佳位置，可以看到他是否在修正，在他故態復萌時做提醒。所以他讓他的改進也變成對助理同等重要的事，他告訴她：「如果馬歇爾可以收到錢，你也可以得到六萬元紅利。」

一年內，她收到了紅利。

我從沒想到過這種做法，也沒見過有人這樣做，但你可以確定的是，我會對每個新客戶提到這個例子。

你可以把懲罰金錢化，終結問題；或者你也可以把成果金錢化，創造一個解決妙法。兩者皆是。

守則八：現在是改變的最佳時機

誠如我所寫的，成千上萬來聽我演講和上課的企業人士中，只有七成會遵循課堂所學到的，並付諸行動。我不會對這個事實感到抱歉，這表示有三成的未達成率。事實上我很滿意這樣的未達成率，也訝異它竟能如此之低。

如果你能把書看到這裡，相信你認為將來至少會採取一些（就算是一件很簡單的）書中的建議。（例如，不要再懲罰傳遞訊息的人，很難嗎？）但是我已經對這個事實認命了，雖然有人會去做，但還是有很多人不會行動。

在課程完成的一年後，我們訪談數百名參與訓練課程的人，詢問那些沒有實現上完領導力訓練後曾做出承諾的人。就我們所能觀察到的，大多數什麼都沒做的人不比那些有改變的人條件差，不是智慧問題，價值觀也相當。

那麼，為何不履行承諾呢？

答案可以在一個夢中找到，一個我經常有的夢，你可能也有過，就像這樣：

你知道，我現在忙得不得了，事實上，我覺得從來沒有這麼忙過。有些時候都快要喘不過氣來了，事實上，我的生活偶然還會失控。

但我現在正努力完成一些任務，再過兩三個月情狀就會好轉，然後呢，我就會休個幾週假，暫停一下，充充電，花點時間和家人在一起，再重新出發。到時候每件事都會不一樣了，這就快了，然後，事情就不會這樣亂糟糟了！

你有沒有過類似的夢？夢想多久了？對你有用嗎？

也許該是停止期待忙碌會消失的時候了，因為不會有那種時候，這是你的夢，但那也是海市蜃樓。

我在幫助這個*真實*的世界中*真實*的人們改變*真實*的行為時，學到充滿教訓的一課，「幾週」並不存在，看看你過去的歷史！理智並沒有占上風，很大的可能是，你明天只會跟今天一樣忙碌。

如果你想做任何改造，最好的時機是*現在*，問問自己：「我現在想改掉什麼？」就去做吧，對目前而言，這樣就很足夠了。

第十四章

給主管們的特別挑戰

給員工的便箋：你該拿我怎麼辦

很多年來，美國最受歡迎的廣播談話節目是唐·艾莫斯（Don Imus）主持的《早安艾莫斯》（*Imus in the Morning*）。這個帶狀節目是一個奇特的組合，談論時事、怪歌、艾莫斯的嬉笑怒罵，節目還常會被工作人員打岔。節目採訪的來賓包括知名政治人物、電視主播、乃至於打書的作者，以及一般市民。艾莫斯給來賓的唯一守則：不能無趣。

艾莫斯的空中人格（可能是真實的，也可能是刻意打造的）像是個挑剔大王，永遠在為某事生氣，可能是為了政府的虛偽，或是電台裡的空氣品質。你無法辨別艾莫斯是自由主義或保守派，民主或共和黨，對道德議題走強硬或溫和路線，也無法預期他會如何對待來賓。在冒犯別人這件事上，他一視同仁，有時，他很謙和恭敬，有時無禮極了，在廣播裡罵人「低能」、「奸巧」或「騙子」。聽艾莫斯的節目，可以確定的是，一定會有某一段讓你覺得不舒服。艾莫斯可以大行這種反社會行為，是因為三不五時，他會對觀眾解釋他的打算。「關於這個節目，你一定要了解的一點是，」他說，「我說的所有的話都是胡扯，不能當真，唯一可以把我的話當真，是當我說下面這六個字時：『你不要再鬧了』，其他的都是胡扯。」

這有點像公共衛生局在香菸盒上的警語，是很聰明的作法，事實上，他在指導聽眾要拿他怎麼辦。也許正因如此，《早安艾莫斯》一直是這個熱門時段收聽率很高的節目。

這是每個主管都該學會的技巧。

如果所有的主管都能夠寫個類似的產品警告，那該有多好？就像艾莫斯，可以瘋狂到自己寫出警語，那不是更好？

想像有一個公司主管告訴你：「聽著，我很喜歡懲罰傳遞訊息的人，所以要告訴我壞消息的話，要小心一點。我可能會轟掉你的頭，就算我明知錯不在你。」

或是，「不論你的點子有多棒，也不管你已經多麼深思熟慮，我就是會喜歡多加一些高見來讓構想更完整。你的直覺反應會是聽我的，照我的話做，請不要，只要點點頭，假裝你有在聽就好了。假如你和我雇用你時認為的一樣聰明，你會不管我，就照你自己的方式做。」

有很多老闆已經在對員工做類似版本的行為，我認識一個白手起家的人，他的脾氣很火爆，但並不是太常冒火。他的行程滿檔，早晨四點就要請他的祕書速記下來，打電話到不同時區，開兩個而不是一個早餐會議，在我們其他人開始工作日前，他已經等於工作一整天了，然後接著還有另一個整天。結果，他不時會感到疲累，意即他會不時地失去耐心，最微不足道的干擾也會引爆他。好消息是，他有自知之明，他不是裝模作樣，像棒球教練對裁判的誤判假裝發脾氣那樣，他是真的火了，但是脾氣來得快去得快。對他而言，發怒是個調節器，我看過他生氣的模樣，的確令人不敢恭維。據說有些職員會在他生氣時哭出來，我們要給他一點讚美，因為他可以立刻重拾冷靜，然後告訴員工：「我不是氣你，我只是發火，事情過了就忘了吧，我很抱歉你得在這裡目睹火山爆發。」這裡有點作假（他也許真的是氣某個員工的作為），但他夠聰明，讓他們知道應該對他這種不良行徑不予理會。

這種坦誠值得嘉許，因為表現出一個老闆藉由承認自己的管理缺點，想做改善，告知他的同事，並協助他們應付這個問題。（假使我當他的顧問，我會請他去徵求員工們的建議，即前饋，了解如何能修正這個缺點，不過一步一步來好了。）

幾年前，我輔導過一個公關主管，他很難留住助理。他會雇用最好的人選，但他們過了六、七個月就會離職。我無法去追蹤他過去那一大批前助理，了解他們離職的原因，所以我進行了一個實驗。我要這名主管去推論這些離職的助理可能會給他的建言，他們會說他哪裡好哪裡差呢？然後我要他把這些寫下來，就像是要寫給他下一任的助理一般，標題是：「該拿我怎麼辦？」底下是他寫的內容：

我很懂得如何與人應對，而且點子十足，如果客户碰到問題，要提出有創意的解套法，找我就對了。但其餘的我全都不行，我很厭惡文書工作，也發現自己很難表現出客户期待一個代理商要具備的基本禮儀。我不會在會面後寫感謝函，不記得別人的生日，討厭接電話，因爲那總是某個碰到麻煩的人打來的，從不會是有人打電話來說，已經寄過來一張巨額支票給我，或是我中了樂透之類的事。你必須知道關於我的這些事，我非常擅長擘畫事業方向，但是從不喜歡做預算書和支出預估這種事。別人認爲我是個很沒有條理的經理人，他們沒錯，我不是在自誇或是自我貶抑，但這是事實。

就個人層面來看，我是個正直、彬彬有禮的人，不會鬼吼別人。當事情進展順利，完成了幾個漂亮的案子時，我會開始認爲自己是地球上最風趣、最有魅力的人之一。你可能會覺得在這種時候，我的玩笑有點刺耳，請不要當一回事，最好還能告訴我，我有點過火了。我有一種自由放任的性格，事情愈忙亂，我愈冷靜，這是我面對壓力的反射動作，不要誤解我很酷的行徑意味著不在乎，我其實非常在乎。我只期待你一件事：只要你吃得下來，盡可能把我的工作拿去做，我要做的事愈少，情況就會愈好，只要這樣做，我們的合作會非常成功。

他把這個文件拿給新助理，一個剛踏出密西根大學校門的社會新鮮人，叫蜜雪兒，就在她上班的第一天。我在一年半之後見到他，可好奇他那個所謂助理留任的問題進展如何？

「蜜雪兒待得如何？」我問。

「哦，很好。」他說。

「你怎麼知道？」我問，有點懷疑。

「因為上個耶誕節，每個客戶，而不是我，都送給她豪華的水果籃或是香檳來謝謝她。當我告訴她，我要一個能做掉我工作的助理，她聽進去了。顯然的，她幾乎把經過她桌子上的每一個問題都幫我攔下來，而且自己就解決了。如果我沒有告訴她該拿我怎麼辦，這種情況是不可能發生的。」

這個故事有趣（讓人放心）的地方是，一個主管能正確評估自己缺點，而且下屬很能體諒，但事情並不是都能這樣。有時老闆對自己的描述和下屬的認知差距很大，非常大。

最明顯的落差是，員工會下結論說，老闆說要怎麼應付他那一套，不是幻想就是一廂情願。我見過這種例子，許多年前，有一個部門主管，他很自豪自己處事公平，強調他都不會偏心，他並沒有寫下來放到「拿我怎麼辦」的信函上，但總是警告員工，他不喜歡應聲蟲和馬屁精，要爬到他的第一層名單得把本事秀出來。不幸的是，他的員工認為這種自我評估剛好和事實有一百八十度的不同，這個人會吸引來一堆媚上的小人。他不喜歡雜音，習慣獎勵同意他的人，犧牲反對者。本來這個機會可以協調上下關係，反而變成一個難笑的笑話，把距離愈拉愈遠。

另一種落差比較微妙，是指老闆的自我評估雖然正確，卻不相干。

這個例子發生在一家能源公司的執行長身上，他是以執著於細節出了名，嚴重到甚至會去改紙條和信函上的文法和標點符號。他原本是名英文教師，後來轉業到公司法，他對細節的注重使他在這個領域享受到成功的果實。能源公司原本是他的客戶，當他很技巧地將這個公司從破產邊緣拯救回來，部分也是因為他對細節的狂熱，董事會於是派任他為執行長。這就是災難的開端。

他並沒有寫「拿我怎麼辦」的信（我當時還沒有想到這個點子），而當時的他，也不需要。每一回他拿起一枝紅筆改高階主管的寫作，已充分傳遞出一個明確的訊息：「這件事對我很重要。」話迅速傳遍了主管階級，如果你要給新執行長一個好印象的話，寫信件給他時，文法和標點符號一定要完全正確。如果他不改弦易轍的話，他不是會遭受強烈反彈，就是會讓主管階層充斥著文法大師。

這是我進來的時機。你可以想像這個狀況，老闆送出訊息，讓主管知道他的期望。文字的用法正確或許是有一點好處，但是主管們認為這很可笑，這種做法無法強化公司的經營或是評斷主管的能力。我翻閱員工的回饋報告，第一個意見是，「五百萬美金一年，對編輯而言薪水太高了。」第二個意見，「丟掉紅筆。」第三個意見：「已經不是小學一年級了。」諸如此類。我花了好幾個月才讓這位執行長接受，在內部文件上修改文法對運用他的時間而言，是下策，也蠻傷人的。他在乎的事，團隊其他的人並不在乎，這個危險的落差不是他或公司擔負得起的。

我提這個例子，是因為寫一封「拿我怎麼辦」的信給員工，並不只是一件自我檢視後的勇敢舉措，而且是和團隊產生更多對話的有效方法。**只是千萬當心，你的信一定要百分百的誠實，要能讓員工相信它是正確的，最重要的是，他們必須相信它很重要，這三方面有任一不足的話，還是把話留在心裡頭就好了。**

不要再讓員工累垮你

當老闆（任何一種，不論你是個三人公司的老闆，或是統領三萬個員工的部長）最快樂的事情之一是，你可以做決定，全部都能由你做主。你說會議開始就開始，想在哪開會就在哪開會，你說會議結束就結束。不論你是個很棒或很差勁的老闆，都不用對底下的人報告，他們全都要向你報告。

這樣會有一個不利的情況，很多老闆一旦進入舒適、充滿權力感的象牙塔中，就會被這事難倒。

身為一個老闆，你自己知道有多依賴你的員工，沒有他們的忠誠和支持，你什麼都不是。（這你知道，而且如果你是個有智慧的主管的話，就會一再提醒你的人，你有多需要他們。）但是你不該忘了，這是一條雙向道，就像你需要依靠你的員工一樣，他們也要依靠你，也許甚至在和他們的工作表現無關的部分。他們渴望你的注意、贊同、喜愛。如果你有任何一種主管魅力的話，他們幾乎是用有多少面見你的時間，來衡量他們在組織中的地位。

這並沒有錯，要讓團隊成長，讓下屬面見他們的老闆，好來觀察和效法，還有更好的方法嗎？但這樣的相互依賴可能會出問題。

我認識一名頂尖女性雜誌的總編輯，她不可思議的有條理，也很驕傲自己很有能耐搞定她的高壓工作，同時兼顧美好的家庭生活。她已婚，有兩個年幼的孩子。她幾乎就是一個完美主管的化身：公正、一視同仁、辦公室的門永遠敞開。(她就事論事至極，就連炒員工魷魚，還會幫忙他找到新工作。）

然而，完美的報酬不盡如她的期待。做為一個盡責、什麼都要兼顧好的媽媽，她想要每晚準時六點半回到家裡陪小孩。一段時間下來，她注意到她做出愈來愈多加班的藉口，兩年後，她發現經常待到晚上九點半、十點。起初她以為自己只是因為深愛這份工作（經營一份賺大錢的雜誌可有趣了），然而在分析了問題之後，她才了解到這和她本身沒有任何關係，下屬的過度依賴她才是問題。大半的原因是因為她開放的態度和隨時給予協助，創造了一個很容易找到上司的環境，所以每個人很自然想和她面會。如此一來，將她置於一個事層出不窮的處境，永遠無法從辦公室脫身。快下班時，總有人進來說：「可以給我十分鐘嗎？」做為一個好主管，她會同意，諷刺的是，她因為掌控而失控。

為了重新掌控局勢，她召集下屬，宣布：「從現在起，我辦公室的門只開到五點四十五分，過了時間，就是『不要讓我看見你的時候』，只有我的小孩可以和我會面。」

這只解決了一半的問題，她每晚六點半回到家，但下屬覺得無措又無助，這正是我進入的時機。

要讓下屬較不依賴她，我說，這是很好的事，但他們仍需要有人帶領，需要有人引導他們修正方向。

我請她和每一位下屬碰面討論兩件事：

其一，我要她問每一個人：「我們一起來看看你的職責裡，有沒有你認為我該多涉入或減少干預的地方？」這樣可以協助他們確認得理直氣壯要和她會面討論，以及不需要和她討論的區塊。事實上，她還分配了更多的責任給他們，用的是一種樂於授權的方式，她允許他們決定自己可以承擔多少責任。

第二，我要她說：「現在，看看我的工作，你有沒有曾見我做過我這種層級不該做的工作，像是管太細節或一些不該我擔心的小事？」她敦促他們想出一些方法，讓她變得比較輕鬆。事實上，她讓下屬幫她可以在六點半前回家，主管還能給他的團隊什麼更好的禮物嗎？反之亦然。

我不需要提醒她說：「謝謝。」

下回你發現自己身陷一群過度索求的下屬中，記得這個，假使他們需要你的時間過多，不可以叫他們不要煩你，必須協助他們戒除習慣，而且看起來要像是他們自己的主意。讓他們自己想出來應該獨立作業，並說出不需要你的地方。在合理的面見時間和不找主管來討論的事情中間的界限很模糊，身為主管，你必須幫團隊看清楚。

別再搞得像是你在管理你

告訴下屬該拿老闆怎麼辦是件勇敢的事，但這並沒有完全解決管理者和被管理者互動中很大的矛盾。事情是這樣的：很多經理人都假設他們的下屬應該和他一模一樣，不論是行為、積極度、智慧，尤其是運用腦力的方式。你不能怪他們，如果我是個超級成功的老闆，一定傾向要組織裡充斥著……我的分身。要事情都照我要的方法走，天底下還有比這更好的方式嗎？這是本能傾向，假使有選擇的話，我們都喜歡雇用最像每日在鏡中照見那人的人。

同時，我們也很聰明，知道組織裡都是同一種人，就會步伐一致，不能夠創造多元性。你需要在這個團體裡有雜音、不同心態和性格。以我自己的經驗，往往都是那種很奇怪的反對意見才能挑戰群體的想法和現狀，才能讓一個組織生機勃勃。

而且，一個像自己的員工不保證會讓團隊運作更順暢。例如，假設我是麥可·喬登，要從頭組一個球隊，我會樂見到有一名球員像我，但我希望有兩三名個子比我高、塊頭比我大的去守籃下，一個身手敏捷的球員負責傳球。若一整隊都是麥可·喬登，就像聽起來這樣詭異，一定會讓組織失能。

大多數的老闆都有這種概念，所以會忍住想要雇用另一個自己的誘惑，但這不表示道理已經完全吸收了。有時我還是必須要提醒最機敏、小心的老闆，說：「你不是在管理你自己。」

我意識到這點，是當我在開始輔導一家大型服務業公司的執行長時，姑且稱他為史提夫。史提夫很自豪的一點是，他對員工的訓示，會以身作則，事實上，他認為自己是公司領導價值的標竿。

就像對待每一位客戶一樣，我讓史提夫知道他的同仁怎麼看他，儘管他們大體上喜歡史提夫這個執行長，卻也大致上同意是他扼殺了自由的溝通，他其實並沒有以身作則。

這是一個簡單的問題，我想，只要史提夫願意就很容易解決。我會請他多聽多問別人的意見，會告訴他，他不能沒有問過在場每個人是否都表達了他們的意見，就終止會議。如果他能這樣做超過一年，有關沒有對話的埋怨就會消失。

事情並沒有那麼簡單，當我研究史提夫的員工給的回饋報告，發現有事情老兜不攏。一方面，回饋上說他不給予公開討論的機會，另一方面又說，他總是一再變卦。這很令人費解，因為會杜絕討論的人通常不會是猶豫不決的人，這兩種缺失大多是王不見王。

這個狀況更令人疑惑的是，當我去問史提夫，他基本上是對著回饋哈哈大笑，「我的毛病很多，」他說，「但杜絕討論是不可能的，我總是公開和大家討論。」

我回想起和一名史提夫的協理面談時，他說：「你要了解，這個傢伙和自己辯論的能力是世界冠軍，他在大學時是個辯論明星。」

現在，回饋看起來合理了。

一再發生的情況是，當一名員工來向史提夫提出一個點子，因為是辯論賽冠軍之故，史提夫的反射動作是進入辯論模式，開始攻打漏洞。作為下屬，員工的反應是，在老闆的脣槍舌劍中棄甲投降。兩個人，兩種詮釋，史提夫認為做了一次開誠布公的辯論，員工卻覺得剛挨了一記大耳光。

雪上加霜的是，史提夫也和自己辯論，某人說：「為什麼我們不試試這個？」史提夫會說好，他鼓動全部的人來支持這個提議，但幾天後，在他有足夠的時間和自己的決策努力辯論後，他會改變主意，說：「也許那個主意不太好。」在他的認知裡，他很民主，在他全體員工的腦子裡，他簡直難以捉摸。

我們暫且不要討論擔任領導角色的人不能做什麼事，你不可以鼓動兩百個人去攻頂，當全部的人開始要一鼓作氣時，你說：「等一下，也許這個計畫不太好。」這樣做個幾次，沒有人會聽你的話去爬山，而只會坐在那裡，等。

我們先專就如何讓史提夫看清問題這點，我喜歡將這個稱為「黃金律謬誤」。你可以在一些情況中見到，管理者按邏輯推論說，被管理者和他一模一樣。嚴格遵守黃金律，管理者用自己喜歡被對待的方式帶人，我喜歡別人這樣對我，所以我會這樣對待別人。

當我向史提夫指出，他喜歡激烈的辯論是因為那剛好對了他的強項，他同意，「我喜歡別人這樣對我，通通攤開來辯論。」

「這是不錯，但他們不是你。」我說。

「這有什麼不對？」他問，「我表達一個意見，別人表達一個意見，我們就有一個健康的討論，這有什麼不對？」

我說：「對，沒錯，但你是老闆，他們不是，你是大學裡的辯論明星，他們不是，這場比賽不公平！你這樣對待他們，是在說『你輸了，我贏了』。要在這場比賽中贏你的機率是零，所以他們寧可不要玩。」

「這樣說不對，」他抗議，「員工裡有人和我一樣喜歡這種辯論。」

「這就是問題，」我說，「有時，你的辯論作風奏效，尤是碰到也喜歡對每個議題正反兩面充分討論、也不會在唇槍舌戰中怯場的人。如果你的員工都跟這一個人一樣，你就很安全，不幸的是，百分之九十九的人都不像這個傢伙。單一的成功案例並沒有在別人身上複製，為什麼？因為這個例外的員工很像你，但你不是在管理你。」

一點也沒錯，史提夫這個辯論賽冠軍也把我導入激烈的爭辯中，幸運的是，這句「你不是在管理你」打動他，他突然懂了，他明白自己是根據一個不實的假設運作，對他好的不一定對其他人也都很好。

從那一刻起，史提夫注意要改進了，他更能警覺自己想辯論的衝動，但會因為不想讓他的員工處於劣勢，就把衝動扼止住。他為這個錯誤向每一個人道歉，定期邀請大家在會議上表達意見，在挑戰他們之前會多想一次、兩次、三次。（挑戰別人並沒有錯，他的目標只是要開啟對話，而不是默不吭聲地忍受每一個愚蠢的意見。）他和別人做後續追蹤，提醒他們自己在做這個部分的改進，最後，請他們提供可以幫他改進的意見。

這不是一蹴可及的，這些轉型需要時間才能讓打量你的人記住，就像我前面說過的，你要改變百分之百，才能得到百分之十的分數。所以，一年半之後，史提夫終於被視為一個好老闆了，他大體上沒有什麼不同，他還是喜歡和自己及任何一個出現在他眼前的人辯論，唯一的改變：他接納了一個事實，他員工的感受不一定會和他相同。

在結束史提夫的輔導後，我對於管理者和被管理者之間這種不是很公平的戰爭，也更為警覺。

有一個朋友向我提過，他的老闆對文件痴迷，他是律師起家，奴隸似地伺候證據和文件，並且完美管理檔案資料。

當他開設行銷顧問公司時，並沒有揚棄對文件的熱愛，拼命留存每一份資料。這點不打緊，然而他卻期待別人也要像他一樣瘋狂存檔。他會召開會議，每個人都知道他的目的是要搬出一堆陳年文件，做為斥責某人沒有好好蒐集文件的證據。

我將這種行為稱為頑固型管理，職場上典型的黃金律謬誤。這位偉大的創業家忽略掉一個事實，身為公司的老闆，他當然可以有管道取得任何文件，然而他的屬下卻不能。他沒有理解到，他發起的是一場只有他能獲勝的戰爭，他喜歡蒐集檔案和歸檔，誤以為別人也是如此。

一旦了解這個例子，你就會發現這個情況普遍存在。

總之，你們願意別人怎樣待你們，你們也要怎樣待人。但請了解這不適用於所有的管理情境，如果你用你希望被管理的方式帶人，就是置此事於不顧：你不是在管理你。

停止「在格子裡打勾」

我最近碰到一名執行長，聽到他大惑不解地說，員工都不能了解公司的使命及走向。

「我真的不懂，」他說，「我在各種會議上說得一清二楚，還把它寫成一段文字，看吧，就是這張，員工還想要怎樣啊？」

有那麼一會兒，我以為他是在開玩笑，那麼他的諷刺功力真的很高段。要讓人們了解公司的使命不能光靠口頭指令或是紙上宣言，而且也不會一夕發生，這名聰明的執行長當然會了解這一點。但看著他痛苦的表情，我可以看出他是說真的，而且（但願只是在管理的這個領域）摸不著頭緒。

「我們從頭來看這個狀況，」我說，「使命宣言是怎麼給員工的？」

「用電子郵件，」他說，「而且寄給公司裡每一個人。」

「好，」我說，「但我的直覺是，你只知道寄送了，但有多少人真正打開信件閱讀？」

「我不清楚，」他說。

「當然如此，你覺得有多少人了解這個宣言？」

「不知。」他說。

「在了解的人當中，有多少人相信？」

他搖搖頭。

「在這些為數不多的相信的人當中，有多少人記得內容？」

他又搖了一次頭。

「關於你所謂對公司存在很重要的事，存在著很多未知，」我說，「但這不是最糟的部分，一旦你把沒有收信、沒有閱讀、或了解、或相信、或記得這份宣言的人減掉，很可能沒有半個人剩下來，你認為有多少人會採取行動？有多少人會因為你的郵件，開始按照這個公司使命行止？」

我覺得我彷彿聽到這個執行長咕噥了一句：「我不知。」但很難確定，因為這時他的音量已經小到幾乎聽不見了。

我人生的使命並不是要讓客戶沮喪或洩氣，所以我藉由轉移話題來提振他的精神，於是我指出，問題出在他，而不是他的宣言郵件。

「你唯一犯錯的地方，」我說，「是你在格子裡打了勾。」

「哦？」他說。

「你以為當你把使命說出來，寫成宣言後，你的工作就完成了，彷彿那個是你今天待辦事項上的一條，打了勾，就換做下一件，再做下一件。」

我可以看見重擔逐漸從他身上移開，所以我再用理論強調，**組織失能最大的源頭：經理人沒能看見知與行之間的巨大落差。**大多數的領導力訓練環繞著一個錯得離譜的假設：如果人們了解，那麼就會去做。事情不是這樣的，大多數的人了解，只是不去做罷了。我在十一章〈追蹤〉裡說明了，我們都知道過重對健康不利，但不是所有的人都會真的採取行動解決。

這名執行長和大多數的主管無異，都以為組織是根據嚴格的層級，一層層聽命行事，老闆說：「跳！」下屬問：「要多高呢？」在一個理想國中，每個指令都不只是被遵守，而且不打折扣立刻照辦，幾乎是說完就做完了。老闆永遠都不用追蹤，因為他說了，別人就照做了，畢竟，他已經在格子裡打勾了。

我不確定為何老闆們都堅持這麼想，也許他們的自尊心沒有辦法去想他們的指令沒有被嚴格遵守，也許他們懶，所以沒有去查看別人是否有照做，也許他們覺得追蹤有失身分。不論理由為何，他們盲目以為別人如果懂了，就會照做。

這裡有個給每個經理人的好消息，包括我的執行長客戶，這個誤謬的信念有一個簡單的解法，就叫做追蹤。一旦你送出一個訊息，隔天就問大家聽到沒有，然後問他們了不了解，再隔個幾天，問他們有沒有採取行動。相信我，如果第一個追蹤的問題沒有令他們提高警覺，第二個會，最後一個也會。

不要再對你的員工懷有成見

我在職業生涯中，花了很多時間想要改造人們在職場上的行為，我告訴人們，改變是一個簡單的等式：停止惱人的行為，然後你就不會再被視為一個麻煩人物。這麼簡單的事，我覺得自己竟能靠這個賺錢，真是太不可思議了。

至於改變人們的思維，我但願也能說這樣的話，但最近這個卻成為我執業中很重要的一部分。最大的原因是，員工看待他們自己在組織裡的角色有很大幅的改變。《高速企業》（*Fast Company*）雜誌在一九九八年刊登了一篇惡名昭彰的封面故事，名為「個體戶國家」（Free Agent Nation），文章中斷言在當時還算大膽的概念，就是聲稱「組織人」已死，公司裡表現最佳的員工不再願意為公司犧牲自己的人生。最聰明的一群認為，他們的企業一旦覺得他們不再符合公司的需求，就會「毫不留情的棄他們如敝屣」，所以他們反過來，願意在公司不符合他們的需求時「放棄公司」。個體戶的意義是，每一名工作者就像一個小小自主的公司，而不是一個龐大系統中的鏍絲釘。

這種個體戶的病毒還要好一陣子才會散播開來，但相信我，這是蔚為風尚，勢不可擋的趨勢，需要老闆們改弦更張來因應。

面對這些被這股職場變化所震撼或迷惑的老闆們，我第一件和他們進行的事，就是請他們認清對員工抱持的成見。這每每能讓他們睜大眼睛，「我？有成見？滾出去吧！」但如果成見的定義是對一群人懷有固定的、偏狹的看法，與事實悖離，或是與這群人本身的認知不同，那就是了。面對這一群新興的個體戶，經理人若昧於這股改變力量，就會像個盲目的老頑固。（無異於一個拒絕雇用一名年輕的已婚女性，因為相信她最後會離職去生小孩，所以認定她對職涯不會認真。我們太容易就忘掉了，但不久以前，幾乎每個人都還抱持這種想法。）對個體戶的成見有很多不同形式，但我們最可能陷入的是以下這四種。

一、我知道他們要什麼

這是最大的成見，也是最容易了解的。自古以來，幾乎每一種經濟模型都假設了金錢是每一個員工的主要動力，所以老闆也認為，假如他們付給員工最優薪資，他們便會做出最佳表現，而且以忠誠來回報。很抱歉，事情不再是這樣運作的。

不可否認的，在每一個人對職涯的計算中，錢都占了重要位置，但到達一定程度時，表現傑出的人已經擁有了財務自由，不管多麼細微，其他的考量也開始主導了。誠如經濟學家梭羅（Lester Thurow）在《知識經濟時代》（*Building Wealth*）一書中所指出的，個體戶必須努力解決一個矛盾：他們的經驗價值會隨著時間貶值，而非增值。知識的耐儲時間，尤其是技術性的知識，會持續縮減，所以個體戶的因應之道是，去面對可以強化知識的新挑戰，速度要快過他們經驗的貶值，這樣不但能讓他們有成就感，也許也得到更多的金錢報償。

如果你曾大惑不解，為何一名優秀的員工選擇離開你，去別家公司領較低的薪水、轉任不同職務，就怪自己還存有這樣的成見吧！

這種成見，有時是出於不小心，有時是大剌剌的表現，可以真的把優秀的人才驅離。我記得有一名身價數億美元的創業家告訴過我，他無法理解為何他的一名薪資優渥的文案從來無法在期限內交件。這個創業家很喜歡這個文案，但想要改善他對於期限漫不經心的態度，所以他創造了一個看起來只是蘿蔔與棍子的簡單機制：每次這個文案可以準時交稿，就會得到兩萬元紅利。結果完全沒用，文案還是照樣拖稿，顯然他已經賺得足夠了，多個兩萬元不是什麼了不起的事。結果創業家把紅利提高到十萬元，還是沒有用。直到他打算從文案的口袋裡減掉十萬元，文案才做出改變。經濟學家稱此為「損失趨避」，意思是，我們討厭失去某物甚於喜歡得到類似的某物，我會把這稱之為成見，沒有了解到什麼是真正的紅蘿蔔。文案的確是準時了幾個月，但卻在半年內離開這家公司。

顯然，這名文案不在乎表現好時可以得到獎勵，但卻很厭惡表現不好時受到懲罰，紅利沒有鼓舞到他，但懲罰卻侮辱了他。創業家找到改變這名員工行為的方法，卻把人嚇跑了。這些個體戶是很複雜的，如果你自以為知道他們的蘿蔔是什麼，你首先必須在走出辦公室門口前先檢查自己有無成見。

這種「我知道他們想要什麼」的迷思不只是在金錢上如此。一般法則，二十幾歲的人想要在工作上學習；三十幾歲的人想要升遷；四十幾歲的人想要管人。不論他們的年齡，了解他們的慾望就像要釘住水銀一樣難，每一步幾乎都要了解他們要什麼，方法是真正去問他們，而且也不能認為可以一套標準走天下。一個人在二十四歲時可能覺得「工作生活取得平衡」無關緊要，但是到了三十四歲就覺得這點很重要。

我們拿「億元男」羅德里奎茲（Alex Rodriguez）還在巔峰的游擊手生涯來看。二十歲時，他在西雅圖水手隊（Seattle Mariners）就贏得打擊稱號，四年後，為了兩千五百萬美元的天價年薪，他跳槽到德州遊騎兵隊，在那他拿下美聯年度最有價值球員和三度全壘打王。四年後，二十八歲的年紀，他轉戰到紐約洋基隊。他差不多是公認的棒球王，然而仍先後有兩隊放他走！事實上，不是球隊讓他走，而是他離開了球隊，第一次是為了更高的年薪，第二次是為了加入常年在世界大賽中領先的洋基隊。這是一個典型「個體戶國家」的實踐。（很大的原因是，棒球在一場法律官司後，於一九七五年「發明」了自由球員制度，允許球員可以自由地在各隊流動。）這個例子說明了：一、是由員工決定，二、員工利用組織來滿足他的需求，三、需求會與時俱進。

至於上頭提到的創業家和文案，除了向創業家保證，傳統的蘿蔔與棍子不再有用之外，我不知道換了我會怎麼做。很顯然，吊根蘿蔔在前頭晃，用錢來誘發遵守期限的方法沒有效，但那也不表示，用棍子，減薪的方法會對他產生作用。

二、我知道他們知道什麼

從前那種經理人對公司裡每一項工作瞭若指掌的日子已不復返，原因正如彼得·杜拉克所說的，未來的經理人要懂得如何提問，而不是如何告訴別人，因為他認為知識工作者懂得比任何經理人來得多。嗯，未來已經虎視眈眈了，聰明的經理人必須要去除過度自信的偏見，不要以為自己在特定領域和員工知道的一樣多，這種盲點會挫傷員工的能力和熱情，最後也傷了主管的地位。

三、我討厭他們的自私自利

有多少次有員工來向你抱怨工作不開心，或沒有成就感，然後第一個跳出你腦袋的想法是：「停止發牢騷，你這個自私的笨蛋！我付你這麼多錢是要你做事的，不是要讓你高興的，回去工作！」

有多少回，有員工來見你，說他外頭有一個工作機會，希望你可以相對做些什麼，因為他並不想離開你或這個公司，而你的第一個反應是質疑他的忠誠度，認為他忘恩負義、是個叛徒。

我說這樣簡單保守的反應也是偏見的明證，而且要了解為何經理人會有如此感受也不難，因為他們幾十年來都是沉浸在這種偏見裡。長久以來，美國的大企業都是片面受惠，企業應該為本身和股東擴大利得，而個人則被期待要減少自身利益，專注於公司利益，若有員工公開問：「這對我有什麼好處？」便被視為過分的要求。

我希望我們都能同意新世界原則，組織人可以被高度自由的個體戶取代，不會有經理人因為員工為自己爭取就被嚇到。當然不能因此懷恨他們，或把他們貼上自私的標籤，事實上，應該敞開心胸，因為如果你的思想可以比員工搶先一步到位，這個問題會比較容易解決。

一個經紀人曾告訴我他和傑克．威爾許的互動，讓他大開眼界，那時威爾許還是奇異的總裁。這家經紀公司剛為一名奇異美國國家廣播（GE’s NBC）公司的廣播員談妥一份長期的更新合約，薪資大幅提高，又多了股票選擇權。

威爾許在一次會議上提到這名廣播員的名字，這名經紀人既驕傲又帶點膽怯地說：「沒錯，恐怕我們在這個案子上小小洗劫了一下貴公司。」

威爾許眼神閃了一下，這名仲介擔心他平白得罪了這名傳奇的執行長。威爾許用莊重、嚴肅的語調說：「你不了解，你並沒有洗劫我們，我們想要給他這樣的錢，我們要盡一切力量讓他覺得快樂。」

就讓這成為你處理貪得、囉嗦、似乎「自私」的員工的樣本，如果不理他們或憎恨他們，那就誤會大了，你會因此失去他們，會犯了企業版的歧視罪。

四、我永遠可以雇用別的人

過去，財富的鑰匙是受土地、物資、工廠、工具所掌控，那樣的環境下，工人對企業的需求甚於企業對工人的需求。今天，財富的鑰匙是知識，因此企業對知識工作者的依賴，遠甚於知識工作者對企業的依賴。更糟的是，這些工作者也知道！他們視自己為可替代資源，而不是可有可無的耗材，不再看企業的臉色。這之間的分野很微妙卻也很真實：做為可替代性資產，個體戶認為自己永遠有機會可在別處找到較好的工作；如果是可有可無的耗材，任何人皆可取代他的位置。（而我們也知道，情況已經不再是如此了。）

聰明的企業經理人已經跟上這個想法，他們開始將自己和頂尖人才的關係看成是一種策略聯盟，而不是傳統的雇用合約，他們知道個體戶隨時都可以走人。當我對世界頂尖高科技企業的一百二十名卓越主管進行問卷時，問：「你底下最有潛力的經理人能不能在一週內找到一個薪水更高的工作？」全部一百二十人都回答，「能。」

當奧蘭多魔術隊（Orlando Magic）在一九九五年放走歐尼爾（Shaquille O'Neal）到洛杉磯湖人隊（Los Angeles Lakers）時，我敢斷言是出於管理者的偏見作祟。（這好比微軟讓比爾蓋茲去為其他企業效力，或是新力音樂放走「工人皇帝」布魯斯．史普林斯汀〔Bruce Springsteen〕去別家唱片公司，有些人才是無法取代的。）當然，要留住歐尼爾是很昂貴的決定，但是魔術隊一定也誤判他是可以被取代的，他們可以花錢找到另一個像他的球員。真是個代價慘痛的偏見，事實上歐尼爾一離開，魔術隊立刻淪為二流球隊，而湖人隊在得到他之後，拿下三次世界冠軍。

我這裡舉運動做例子，因為這些是公開資訊，唾手可得的，並非是因為個體戶的例子在這個領域最顯著。不要懷疑，「這對我有什麼好處」的同樣態度在全美無數企業裡每天上演成千上萬次。員工不開心，就去寄寄履歷，探探就業市場水溫，換到更好的工作，全都是因為老闆沒能看清他們每天去上班的理由。如果盲目不是偏見，我不知道還能怎麼稱呼它，這事一直在發生，差別只是我們不會在報紙上看到每一個人的案例。

如果這些例子還說得不夠明白，我就直接打向痛腳了。

如果你繼續擁抱這些偏見，而罔顧職場上真實的變化，你的工作也可能不保。就算你是第一紅人，業績也漂亮得不得了，你的工作也可能會不保。

我不是說經理人的權威全都要被剝奪走了，在很多職場，很多由上向下的命令系統仍在運作，人們還是遵從上級的指令。但職場上的權利微妙地在發生移轉，有一些已經落到個體戶上頭。比經理人想像中的還更多，正是這個理由，我才能有這種工作，當我一對一在輔導一個經理人，多半是因為他做了一些讓下屬很感冒的事，有些人受不了，甚至已經離職了。事實上，離職的員工等於是用腳投票，到某個時刻，如果有夠多的人投下類似的票，這些個體戶對這名經理人的反應等於敲響了警鐘，這時我就受邀而來，找出是哪裡讓這些員工不開心，和大老闆報告狀況，請經理人改弦易轍。

洋基教頭史坦哥（Casey Stengel）喜歡這樣說，一個棒球隊中，三分之一的球員崇拜教練，三分之一討厭他，三分之一不置可否。「要經營一個球隊的祕訣」史坦哥說，「就是不要讓討厭你的那三分之一去和那態度未明的三分之一串連。」

在個體戶充斥的今天，這是一個真正的危機，單一個員工不能拉下一個好的經理人，但是一群員工聚集起來，可以讓最有效能的經理人下台。

不論要用溫柔或是霸氣的方式，當你要在不斷變動的管理地表前進時，記住這點，隨時量一量你的偏見指數。你是用過時的偏見來和員工對應嗎？你趕上了個體戶的潮流嗎？接受這個觀點，你會成為更成功的老闆，甚至可能會拯救你的工作。

就在你的眼前，你的員工持續不斷地改變著，如果不跟著改變，乾脆把眼睛閉起來管就好了，這是最不可取的偏見。

別再輔導那些不需要輔導的人

就像你的有些毛病不需要修正，因為那只有對極少數的人構成問題；同樣的，身為主管，你要停止去改變不想改變的人。

這聽起來好像很無情，但有些人就是朽木，若以為他們可以雕，你只是白白拿頭去撞牆。

我真的懂。我費了好多年才明白，有些問題是這麼根深柢固和莫名古怪，以致於不論我多想給予協助，都無法撼動他們。雖然一再嘗試錯誤，我還是放棄這些妄想，並且接受了，有些缺失不是可以經由輔導改善的，尤其是下列這幾類員工。

*別再想改變那些自認沒有問題的人。*你有沒有試圖改變過一個工作能力不錯的人的行為，但他對改變完全不感興

趣？這件改造工程你進行得可順利？答案都是同一個：不順利。現在我們仔細檢視一下，對於一個沒有興趣改變的人，不論是另一半、工作夥伴或重要的人等，你想改變他們，順利嗎？同樣的，答案也一樣。我母親上了兩年大學，是個很優秀的小學一年級老師，她非常投入，在教室中和生活中的表現一模一樣。她用對六歲孩童的態度和每個人說話，很慢、很有耐心、字彙簡單。媽媽生活在一個住滿了小一學生的世界，我永遠是個小一學生，她的兄妹也都是一年級，全部的親戚都是一年級，爸爸也是一年級。媽媽總是糾正每一個人的文法，有一年她正在糾正我父親（應該是第一萬次），他看著她，嘆口氣，說：「親愛的，我已經七十歲了，就算了吧。」

如果別人不在乎改變，別浪費你的時間。

別再想要改變對組織用錯策略的人。如果他們走錯方向，你的協助只是幫他們跑得更快。

別再想要改變覺得懷才不遇的人。有些人老覺得自己懷才不遇，也許他們相信自己在此是屈就，或是公司沒有給他最能發揮的工作，或者時運不濟。如果你的天線夠敏銳的話，你會知道我說的是哪種人，就算你只是輕輕挑動一下，問他們：「假使公司今天關門了，你會驚訝、難過或是鬆了一口氣嗎？」十之八九，他們會選「鬆了一口氣」。把這當成指標，讓他們打包走人，你無法改變這種不開心的人，你無法讓他們變得開心，你能改善的，是讓周遭的人不快樂的行為。

最後，別再幫助那些都覺得別人才是問題的人。

我有一次輔導一個創業家，當時有一些重要員工剛離職，所以他對員工們的士氣感到憂心，那是個娛樂產業中的龍頭企業，人們喜歡在那裡工作。回饋報告顯示，老闆用獎賞的方式表現他的偏心，有些員工拿的不少，其他的人只得到起碼過關的薪資，唯一得到大幅加薪的方法是拿把槍指著頭，威脅要離職，而且不是開玩笑的。

當我把這個結果回報創業家時，令我驚訝的是，他認同這項指控，然後做出辯護。就像很多白手起家的人一樣，他認為每一分付給員工的錢，就是每一分沒有流進他口袋的錢。他付薪資的方法是根據員工的市場價值，也就是信奉達爾文優勝劣敗的概念，如果他們在別處可以領更多，那就必須先在他面前證明出來。

我不是一個薪資報酬專家，無法解決這種問題，但他還有另外一點也讓我很訝異，因為，他請我去不是要我去改變他，而是請我去修正員工。

在像這種時刻，我會傾向跑開，而不只是走開。**去幫助認為自己完全沒有問題的人，很難；但要去幫助認為問題都在別人的人，完全不可能。**

你也是要這樣，這種人永遠不可能放棄他們類似宗教的信仰，那就是：有錯都是別人的。他們將此視為堅定的信仰，想要改變他們，就像想要把一個民主黨員變成一個共和黨員一樣，或相反，都是徒勞無功的。所以省省時間，不要逞這種英雄，這是一場你贏不了的「局」。

尾聲

你在這裡。

深吸一口氣，再更深吸一口氣。

想像你現在九十五歲，快死了，在呼吸最後一口氣時，有人給你一個很棒的禮物：可以重返過去的能力。這個能力讓你能跟正在讀這一頁的人說話，讓你能幫助這個人職涯更成功，人生更好。

這個九十五歲的你了解，什麼事真的重要，什麼事一點都不重要。這個智慧的「老的你」會給正在讀這一頁的「你」什麼樣的忠告？

花點時間，用兩個層次回答這個問題：對個人的忠告和對職涯的忠告。拿筆寫下來，記錄下老的你要對年輕一點的你說的內容。

一旦把文字寫下來，剩下的就簡單了：就把寫下來的照做。在今年剩下的日子裡下決心去做，明年也做。你剛剛決定了一個「那裡」的你。

我不能為你定義「那裡」，我不能唸給你抄，也絕對不能評斷它的價值，或說它可不可貴，這樣做就冒昧了，那不關我的事。

但是我可以對你「那裡」的樣子，大致作一個預言，因為我的一個朋友，真的有機會訪談瀕死的人，詢問他們會給自己的忠告，他蒐集到的答案真的都充滿了智慧。

有一點被提到最多的，「反省一下人生，現在就要找到快樂和意義」，不是下個月或明年哦！偉大的西方疾病就隱身在這些句子中，當……的時候，我就會快樂，或是，一旦我得到升遷，我就會快樂，或，我買到那個房子就會快樂，或，我得到那筆錢就會快樂。智慧的老的你終於了解到，下一個升遷、下一個成就、下一次搬家到更大的房子或更漂亮的大辦公室裡，不會真的改變你的世界多少。很多老得多的人說，他們以前太醉心於自己沒有的東西，很少能欣賞自己有的東西，他們多半但願自己有更多時間享受已有的東西。

第二個常見的主題是「朋友和家人」。想一下：你可能在一家著名公司上班，覺得自己對公司有重大的貢獻。當你九十五歲時，你環顧在你臨終睡床旁的人，很少是你的員工在那和你道別，朋友和家人可能是唯一會在乎的。現在就多珍惜他們，和他們分享更多的生活。

然而，另外一個常見的主題是「追求你的夢想」。老很多的人若有試著去實現夢想的，通常會對生活較滿意。找出你的生命真實的意義，去做吧！這不只適用於很大的夢想，也適用於小一點的夢想。買一部你一直想要的跑車，這是小的夢想，去一個你一直嚮往前去的異域，學會彈鋼琴或義大利文。倘若有人覺得你所謂的均衡生活有點遊手好閒，或是散漫，為何要在意？又不是他們的人生，這是你的人生。很少人可以達成所有的夢想，有些夢想老讓我們追不到，所以重要的問題不是：「我有沒有實現全部的夢想？」而是：「我有沒有試過？」

我幫科技顧問公司埃森哲（Accenture）進行了一個研究案，有來自全球一百二十家的企業，超過兩百名的高潛力領導者參與。每個公司只能提名兩位未來領導者，公司裡最耀眼的新星，都是那種一秒鐘就可以跳槽到願意付出更優渥薪資的公司的人。我們問每一個新星一個簡單的問題：「如果要你待在這一家公司，你會是因為什麼樣的理由？」三個頻率最高的回答：

- 「我覺得找到意義和快樂，這個工作很有趣，我愛現在的工作內容。」
- 「我喜歡同事，他們是我的朋友，感覺像一個團隊，一個家。去和別的人工作，我可以賺更多錢，但是我不想離開這裡的人。」
- 「我可以追求自己的夢想，公司給了我機會，去做我這輩子想做的事。」

這些答案都沒有提到錢，總是說到快樂、人際關係、追尋夢想和意義。當我的朋友在臨終的人那兒問到對他們重要的事時，他們給的答案，和我訪談的高潛力領導人給的，一模一樣。

現在就運用這個智慧，不要往前看，要回頭看，從你想要終老的那種生活往回看，了解你現在就要快樂、好好愛你的朋友和家人、追尋你的夢想。

你在這裡。

你可以到達那裡！

就開啟旅程吧！

附錄

領導力問卷

全球領導力人格特質確認是一項研究案
（由埃森哲科技顧問公司贊助）的一部分，
由全球一百二十家企業，
選出超過兩百名高潛力領導者參與。
作答者請用五級分數來為領導者評分，
五是非常同意，一是非常不同意。

全球領導力人格特質確認

請在下列這些大項評估你自己（或這一個人）的效能，你的同意程度是……

全球化思考

1. 理解全球化對自身產業的衝擊
2. 展現能在全球化環境下勝出的適應力
3. 努力想擁有多方位的經驗，以便進行全球業務
4. 進行決策時，有全球思維
5. 協助他人理解全球化的影響

重視多元化

6. 擁抱員工組合要多元化的價值（包括文化、種族、性別或年紀）
7. 能有效激勵不同文化或背景的人
8. 認可多元觀點和意見的價值
9. 協助他人了解多元化的價值
10. （經由互動、語言、旅行等）主動吸取其他文化的知識

吸收科技新知

11. 努力學習能在未來世界裡成功的科技知識

12. 能成功召募到有關鍵技術專業的人
13. 有效管理技術問題並增加產能

建立夥伴關係

14. 將同事視為夥伴，而非對手
15. 將自己的組織整合成一個有效能的團隊
16. 在公司內可跨部門建立有效的夥伴關係
17. 不鼓勵針對他人或他團隊的破壞性言論
18. 和其他組織建立有效的結盟
19. 建立一個關係網，好讓事情得以完成

分享領導權

20. 樂於和其他企業夥伴分享領導權
21. 如果別人更在行的話，會聽從他
22. 努力和別人一起達成目標（而不是為別人）
23. 打造一個大家都把眼光放在更大利益的環境（避免個別功能最佳化）

創造一個共有的願景

24. 為我們的組織創造並溝通一個清楚的願景
25. 有效地邀集他人一起作決策
26. 鼓舞他人一起致力達成這個願景

27. 發展出有效的策略來達到願景
28. 清楚判斷輕重緩急

培養員工

29. 待人皆能彬彬有禮
30. 主動詢問他人自己工作上有什麼需要改進
31. 確保員工有得到關鍵訓練
32. 提供有效的輔導
33. 及時提供持續性的回饋
34. 對別人的成就給予有力的肯定

授權他人

35. 建立別人的自信
36. 冒點險讓別人來做決定
37. 給予他人適當的空間
38. 夠信賴別人，能放手（避免管太細節）

精通自己的專業

39. 深入了解自己的長處和短處
40. 投資在持續的個人成長
41. 將擁有自己所缺乏長處的人也納入
42. 在各種場合裡都展現良好的情緒管理
43. 展現作為一個領導者的自信

鼓勵建設性對話

44. 詢問他人對自己如何改進的意見
45. 認真聆聽他人發言
46. 用正面的態度接受建設性的回饋（避免自我防衛）
47. 努力了解他人的參考座標
48. 鼓勵別人挑戰現狀

展現品格

49. 在所有與人的互動中，展現誠實、有道德的行為
50. 確保最高道德的行為在整體組織內施行
51. 避免辦公室政治或自利的行徑
52. 勇敢「捍衛」自己的信念
53. 是實踐組織價值的模範（以身作則）

領導變革

54. 將改變視為機會，而不是問題
55. 當必須改進時，能挑戰系統架構
56. 在混沌不明的處境中，仍愈發茁壯（在必要時展現彈性）
57. 鼓勵他人發揮創意和創新
58. 能夠把創意變成事業成果

期待機會

59. 投資自己了解未來趨勢

60. 能夠預見將來的機會
61. 鼓勵他人專注於未來的機會（不只是現在的目標）
62. 因應新處境的需求，提出新的想法

確保客戶滿意

63. 鼓勵別人達到更好的客戶滿意度
64. 從最終的顧客觀點來看企業流程（有「端對端」觀點）
65. 經常由客戶處尋求建言
66. 經常提供對顧客盡心盡力的表現
67. 了解顧客身旁有的選擇，知道有什麼競爭者

維持競爭優勢

68. 執行工作任務時，傳達正向的、「我們做得到」的積極態度
69. 讓員工為自己的成果負責
70. 成功地減少浪費和不必要的成本
71. 提出可讓公司更享有優勢的產品及服務
72. 達到可讓股東更能獲得長期收益的成果

寫下評語

你的長處有哪些？如果你是在評估他人，這個人有什麼特別令你欣賞的地方？（請明確列出兩三點。）

為了能夠更有效能，你會特別做什麼？或，如果是評估別人，你對這個人有何建議，讓他可以變得更有效能？（請明確列出兩三點。）

國家圖書館出版品預行編目(CIP)資料

UP學：所有經理人相見恨晚的一本書 / 馬歇爾.葛史密斯(Marshall Goldsmith), 馬克.賴特(Mark Reiter)著；吳玟琪譯. -- 三版. -- [新北市]：李茲文化有限公司, 2022.11.
面； 公分
譯自：What got you here won't get you there: how successful people become even more successful
ISBN 978-626-95291-2-4(平裝)

1.CST: 職場成功法 2.CST: 經理人 3.CST: 領導

494.35 111015781

UP學：所有經理人相見恨晚的一本書【15周年暢銷新裝版】

What Got You Here Won't Get You There: How Successful People Become Even More Successful

作　者：馬歇爾・葛史密斯（Marshall Goldsmith）、馬克・賴特（Mark Reiter）
譯　者：吳玟琪
編　輯：莊碧娟
主　編：莊碧娟
總編輯：吳玟琪
出版：李茲文化有限公司
電話：+(886) 2 86672245
傳真：+(886) 2 86672243
E-Mail: contact@leeds-global.com.tw
網站：http://www.leeds-global.com.tw/
郵寄地址：23199 新店郵局第9-53號信箱
P. O. Box 9-53 Xindian New Taipei City 23199 Taiwan (R. O. C.)

定價 / 400元
出版日期 / 2007年11月1日初版
2012年5月1日二版
2023年6月20日三版二刷
總經銷 / 創智文化有限公司
地址：新北市土城區忠承路 89 號 6 樓
電話：(02)2268-3489
傳真：(02)2269-6560
網站：www.booknews.com.tw